机械完整性体系指南

Guidelines for Mechanical Integrity Systems

【美】Center for Chemical Process Safety　编著
刘小辉　许述剑　方　煜　等译
王妙云　审阅

中国石化出版社

内 容 提 要

本书所述美国化工过程安全中心(CCPS)制定的机械完整性管理体系指南，属于过程安全和风险管理体系中的一部分，是石油化工行业、电力系统及其他存在高风险的生产行业进行机械设备、资产有效管理的重要指南。

本书从机械完整性定义开始，详述了相关概念，明确了领导层在机械完整性管理或者设备管理中的职责，制定了比较详细的实现机械完整性管理的操作指南，内容涵盖相关管理职责、机械完整性管理培训、机械完整性管理对象目标与任务、机械完整性项目的实施程序及执行、针对整个机械设备生命周期的质量保证体系、缺陷管理、风险管理、检验测试及预防性维修、绩效评估、机械完整性评审及持续改进的一系列系统化的内容。

本书可供炼油化工、石油天然气开采、煤炭、电力及其他涉及机械设备管理的行业或企业领导，从事生产、设备、设计、制造、科研、安全、环保工作的管理人员和技术人员，以及基层生产操作、维修人员学习和借鉴参考，从而对机械设备完整性管理水平及整个企业管理水平的提升起到积极的促进作用。

著作权合同登记　图字：01-2013-5864 号

Guidelines for Mechanical Integrity Systems
By Center for Chemical Process Safety(CCPS), ISBN: 9780816909520

图书在版编目(CIP)数据

机械完整性体系指南/美国化工过程安全中心编著；刘小辉，许述剑，方煜译．—北京：中国石化出版社，2015.1(2020.6 重印)
书名原文：Guidelines for Mechanical Integrity Systems
ISBN 978-7-5114-3128-8

Ⅰ.①机… Ⅱ.①美… ②刘… ③许… ④方… Ⅲ.①化工机械-完整性-指南 Ⅳ.①TQ05-62

中国版本图书馆 CIP 数据核字(2014)第 287294 号

中国石化出版社出版发行
地址：北京市东城区安定门外大街 58 号
邮编：100011　电话：(010)57512500
发行部电话：(010)57512575
http://www.sinopec-press.com
E-mail:press@sinopec.com
北京科信印刷有限公司印刷
全国各地新华书店经销
*
787×1092 毫米 16 开本 13 印张 306 千字
2015 年 1 月第 1 版　2020 年 6 月第 3 次印刷
定价：68.00 元

译者的话

本书系统地介绍了机械完整性管理体系，全书共分为12章，涵盖了机械设备工程、安全工程、软件信息系统、技术经济管理等专业领域。

本书无论是对于相关企业建立完整有效的机械设备管理体系，还是相关高校、科研院所针对设备安全管理的研究，都具有重要的指导意义。书中制定的机械完整性体系由隶属于美国化学工程师学会的美国化工过程安全中心编写，具有较高的权威性；且截至目前，这是仅有的几个涉及机械设备完整性管理的过程安全及风险管理体系之一，具有较高的学术价值。

目前，国内开展机械及设备完整性管理研究的企业、高校、科研院所大多是通过吸收引进国外的先进技术理念，甚少有可参考的中文图书资料。为了能将设备完整性的理念更快地介绍给国内各企业从事设备管理的同行人员，中国石油化工股份有限公司青岛安全工程研究院组织从事设备安全相关专业的技术人员，对本书进行了翻译。其中方煜负责第2章、第3章、第8章的翻译，邱志刚负责第4章的翻译，柴永新负责第5章的翻译，兰正贵负责第6章的翻译，叶成龙负责第7章、第11章的翻译，许述剑负责第9章的翻译，张艳玲负责第10章的翻译，刘曦泽负责第12章的翻译，宋晓良负责第1章的翻译，亓婧负责正文之前部分的翻译，书的索引由许述剑、李延渊、邱志刚、方煜负责翻译完成，刘小辉对全书进行了校核与统稿，王妙云对全书进行了最后的审阅。译者希望本书的编译出版，能够对国内该技术领域的发展起到一定的促进作用。

本书编译工作主要是在尊重知识产权并协商好版权问题的前提下，对英文原版著作进行翻译及适当的本土化调整，在编译过程中还得到了设备安全管理领域许多专家、学者的指导，在此表示衷心感谢。

机械完整性体系融合了技术与管理等众多方面，涉及多个领域的交叉组合，由于编译水平有限及时间仓促，书中难免有疏漏和不恰当之处，敬请读者批评指正。

目录

表格清单

插图清单<<<

简称和缩略语<<<

ACC	美国化学理事会
ACCP	ASNT 中央认证项目
ACGIH	美国政府工业卫生学家会议
AIChE	美国化学工程师学会
ALARP	尽可能低且合理可行性
ANSI	美国国家标准学会
API	美国石油学会
ASM	美国金属协会(ASM 国际)
ASME	美国机械工程师协会
ASNT	美国无损检测学会
ASTM	美国材料与试验学会(ASTM 国际)
AWS	美国焊接学会
BPVC	锅炉及压力容器规范
CCPS	化工过程安全中心
CF	事故原因
CFR	美国联邦法规
CI	氯气学会
CM	状态监测
CMMS	计算机维护管理系统
CPI	化学加工工业
DOT	美国交通部
E&I	电气与仪表
EPA	美国环境保护署
ESD	紧急停车
FFS	工程适用性
FM	工厂互助研究
FMEA	失效模式及影响分析
FMECA	失效模式、失效影响及危害性分析
FTA	故障树分析

HAZMAT	有害物质
HAZOP	危险与可操作性研究
HI	美国水利协会
IEC	国际电工委员会
IIAR	国际氨制冷学会
IPL	独立保护层
ISA	仪表、系统与自动化协会
ISO	国际标准化组织
ITPM	检验、测试和预防性维修
LOPA	保护层分析
MI	设备完整性
MOC	变更管理
NB	美国(锅炉与压力容器检验师)协会
NBBPVI	美国锅炉与压力容器检验师委员会
NBIC	美国锅炉检验规范
NDE	无损探伤
NDT	无损检测
NEC	美国国家电气规范
NFPA	美国防火协会
OEM	原始设备制造商
OSHA	职业安全与健康管理
P&ID	工艺流程图
PFD	工艺物料平衡图
PHA	过程危害分析
PM	预防性维修
PMI	材料可靠性鉴别
PPE	个人防护用品
PRV	泄压阀
PSM	过程安全管理
PSSR	启动前安全审查
PSV	压力安全阀
PWHT	焊后热处理
QA	质量保证
QC	质量控制

RAGAGEP	被认可和普遍接受的良好的工程实践
RBI	基于风险的检验
RCA	根原因分析
RCM	以可靠性为中心的维修
RMP	风险管理程序
ROI	投资回报率
RP	推荐作法
SCBA	自给式呼吸器
SCE	关键安全设备
SHE	安全、健康和环境
SIF	安全仪表功能
SIL	安全完整性水平
SIS	安全仪表系统
SME	学科专家
TML	测厚点
UL	美国保险商实验室公司
UPS	不间断电源
USCG	美国海岸警卫队
UT	超声检测

术语

验收标准：用于确定设备是否缺陷的技术基础（例如，分析检验、测试和预防性维修［ITPM］的结果时）。

事故原因（CF）：造成事故或导致更严重的后果的设备故障或人为失误。

事故原因图表：以图形方式描述一个事件从开始到结束的序列图，通常用于整理事件数据，并确定事故原因。

认证：完成适用规范和标准所指定的正式培训和资格要求。

计算机维护管理系统（CMMS）：用于计划、调度和记录维护活动的计算机软件。一个典型的CMMS包括工单生成、作业指导书、零件和人工支出跟踪、备件库存，以及设备的历史资料。

状态监测（CM）：通过对某些独立参数（通常为时间或周期）指标的观察、测量和延伸，来显示当前和未来结构、系统或组分在验收标准内运行的能力。

成本规避：预防事故发生所产生的回报（通常以货币形式表示）。

关键操作参数：超出限值后会导致设备失效的工艺条件（例如，流量、温度）。

损害/失效机理：导致设备降级的机械、化学、物理或其他过程。对损害机理迹象的识别和检查可以用来预测未来的失效。

决策树：一种逻辑树，用于以可靠性为中心的维护（RCM）中，以帮助确定执行正确的维护类型（例如，预测、预防），从而减少设备失效可能性。

设备类型：一组具有相似设计和操作的单独设备部件，这样的设备应当在所有的产品中执行相似的ITPM活动。

设备缺陷：不符合验收标准的状态。

设备失效分析：一种系统方法，用来分析导致设备失效的失效机制和根原因。

失效模式：设备失效的征兆、状态或方式。失效模式可能被确定为功能丧失，功能不成熟（没有需求的功能），超过极限状态，或一个简单的物理状态，如泄漏。

失效模式与影响分析（FMEA）：一种系统方法，用来评估和记录设备/零部件已知失效类型的原因及其影响。

失效模式、影响及危害性分析（FMECA）：FMEA的一种变化形式，包括对失效模式后果重要性的定量评估。

故障树：一种能够描述引发某个特定事件（如失效或者事故等）的各种失效原因的逻辑关联的方法。

工程适用性（FFS）：一种评估设备当前状态的系统方法，用以确定设备部件是否能够在规定的操作条件下（如温度、压力）运行。

甘特图：一种用来描述多个的、基于时间的活动的方式（通常是以时间为横坐标的柱状图)。

危险与可操作性(HAZOP)分析：通过使用一系列“引导词”研究过程偏差，从而识别过程危害和潜在操作问题的一种系统性方法。

检验、测试和预防性维修(ITPM)：预先安排的积极的维修活动，其主要目的是：(1)评估设备当前状况和降级率；(2)检测设备的可操作性/功能性；(3)通过恢复设备状态预防设备失效。

ITPM 程序：一种开发、维护、监控和管理检验、测试和预防性维修活动的管理体系。

保护层分析(LOPA)：对降低不期望事件频率或后果严重性的独立保护层的有效性进行评估的一种过程。

变更管理(MOC)：一种用于确保过程变更被正确分析(例如：存在潜在的不利影响)、记录以及通知受影响人员的管理体系。

设备完整性(MI)：一种以确保设备持续的耐久性及功能性的管理体系。

无损检测/无损探伤(NDT/NDE)：以不损坏或不破坏设备的方法来测量设备参数为目的，从而对设备进行评估。

可操作范围：设备无故障运行的参数范围(例如：安全上限和安全下限、运行时间)。

用户：依法负责压力维持部件(如压力容器)安全运行的人员、工厂或公司。

绩效测量：一种用于监控或评估活动方案和管理系统运行状态的度量标准。

材料可靠性鉴别(PMI)：设备部件或配件在建设时的材料选定(如管道材料选定)。

预防性维修：以设备状态测量为基础的设备维护策略，用以评估设备是否在将来某个时期失效并采取适当行动避免这种失效发生。

启动前安全审查(PSSR)：通过验证设备安装方式与设计意图相一致，从而确保新的或修改过的程序已做好启动准备的管理系统。

过程危害分析(PHA)：对工艺危害的系统评估，目的是确保有足够保障措施应对固有风险。

过程安全信息：管理过程安全所需的有关化学品危险性、技术和设备文件的汇编。

质量保证(QA)：确保设备设计合理，且在设备整个生命周期中不损害其设计意图的活动。

被认可和普遍接受的良好的工程实践(RAGAGEP)：基于已有的规范、标准、已出版的技术报告或推荐做法(或类似名称的文件)，为工程、操作或维护活动提供指导的文件。

以可靠性为中心的维修(RCM)：一种系统分析方法，用于评估设备失效对系统性能的影响，并确定已识别出的设备失效的具体管理策略。失效管理策略包括预防性维修、预测性维修、检验、测试和一次性变更(如，设计改进、操作变更)。

剩余寿命：根据检验结果，设备达到规定退役标准(例如，最小壁厚)的时间估计。

风险：衡量损失的严重程度和产生损失的可能性的潜在损失(如人身伤害、环境污染，经济损失)。

风险分析：基于工程评估和数学方法(定量)，结合对事件结果和频率的评估，定性和/或定量评估研究。

基于风险的检验(RBI)：通过识别可靠的失效机制和在役设备失效的后果及可能性，来确定设备检验策略的系统方法。

根原因分析(RCA)：一种方法，用于(1)描述是什么导致了特定事件的产生以及该事件进行期间发生了什么；(2)明确它是如何发生的；(3)识别导致事件发生的潜在原因，从而实施可行的纠正措施以防止事件的再次发生(或类似事件的发生）。

安全仪表功能(SIF)：由服务器、逻辑解算器和最终控制元件组成的系统，其目的是在超出既定条件时，使生产过程进入安全状态。

安全仪表系统(SIS)：一个或多个安全仪表功能的组合，用于保护生产过程或关键过程组成部分的安全。

安全完整性水平(SIL)：定义了安全仪表系统所需的可接受的失效概率的标准。

技术保障：对过程设备采用适宜技术的交流过程。

技术评估条件：需要开展进一步技术评估的设备条件，以确定继续服役的适用性。

验证活动：确保在培训后已获得必要技能和/或知识的测试、实地观察或其他活动。

致谢

美国化工过程安全中心(CCPS)衷心感谢设备完整性(MI)小组委员会的所有成员在本书筹备过程中提供的技术支持。CCPS同时也对技术指导委员会所提供的专家意见及技术支持表示感谢。

MI小组委员会主席:

Brian Dunbobbin　　美国空气化工产品有限公司(Air Products and Chemicals)
Thoma Folk　　罗门哈斯公司(Rohm and Haas)

CCPS联系人:

Dan Sliva

委员会其他人员如下:

John Alderman　　RRS工程公司(RRS Engineering)
Dan Long　　塞拉尼斯公司(Celanese)
Jon Batey　　道化学公司(Dow Chemical Company)
Michael Moriarty　　阿克苏诺贝尔公司(Akzo Nobel)
Gavin Floyd　　罗地亚集团(Rhodia)
Henry Ozog　　IoMosaic公司
Stan Grabill　　霍尼韦尔国际(Honeywell)
Chris Payton　　BP公司(BP)
Michael Hazzan　　侨通咨询集团(AcuTech Consulting Group)

设备完整性指南由ABSC咨询公司(ABS Consulting)起草。Randal Montgomery和Andrew Remson是主要撰稿人。Steve Arendt, William Bradshaw, Earl Brown, Myron Casada, Douglas Hobbs及Daniel Machiela也为本指南做出巨大贡献。

本书作者非常感谢ABS Consulting的科技出版人员。Karen Taylor是手稿编辑人。Paul Olsen完成了许多插图工作。Erica Suurmeyer为同行评审准备书面材料,Jennifer Trudeau和Susan Hagemeyer筹备手稿终稿的出版工作。

CCPS衷心感谢以下同行审核人员的意见:

Michael Altmann　　太阳石油公司(Sunoco Inc.)
Lisa Morrison　　PPG公司
Mike Broadribb　　BP公司(BP)
Jim Muoio　　美国莱昂德尔化学公司(Lyondell Petrochemichals)
David Cummings　　杜邦公司(Du Pont)
Jack Philley　　Baker Risk

Art Dowell	罗门哈斯公司(Rohm and Haas Company)
Bill Salot	霍尼韦尔国际(Honeywell)
Cindy Gross	塞拉尼斯公司(Celanese)
Mark Saunders	佐治亚太平洋公司(Georgia Pacific)
Peter Howell	Mark V, Inc.
Kenan Stevick	道化学公司(Dow Chemical Company)
Peter Lodal	伊士曼化学公司(Eastman Chemical Company)
Jim Willis	美国空气化工产品有限公司(Air Products and Chemicals)
Bill Marshall	美国礼来公司(Eli Lilly)

他们的见解和意见为本书的客观性提供了很大帮助。

前言

40 多年来，美国化学工程师学会(AIChE)致力于对化工及相关产业的过程安全及损失控制领域的研究。通过与过程设计人员、设备结构制造者、操作人员、安全专家及学术界人士间密切的联系，AIChE 强化了沟通交流，并鼓励行业高安全标准的持续改进。AIChE 的出版物和专题论文集，已成为从事过程安全和环境保护研究人员的信息源泉。

墨西哥的墨西哥城和印度的博帕尔市相继发生化学品事故灾难后，1985 年 AIChE 创立了化工过程安全中心(CCPS)，特许其发展和传播预防重大化学品事故的技术信息。该中心获得 80 多家化学加工工业(CPI)赞助商的支持，为中心技术委员会提供必要的资金和专业指导。CCPS 为实施过程安全和风险管理体系各要素提供系列指南，本书即该系列的一部分。

设备完整性(MI)是有效的过程安全方案的基本组成部分。为维持有效的过程安全方案，工厂在生产过程中不断受到挑战。CCPS 技术指导委员会启动这些指南的编制工作，旨在协助工厂应对这些挑战。本书涵盖 MI 程序从设计、开发、实施到持续改进的方法。

本书综述

机械完整性(Mechenical integrity，MI)是许多作业活动的产物，通常由人执行。当这些作业活动执行到位时，MI可以为安全可靠的工厂提供基础，最大限度减少对环境、公众及作业人员的威胁。这些因素加上管理的推动，为确保适当的MI提供了充足的动力。简言之，优秀的MI与良好的商业实践是相一致的。

优秀的MI是适当的设备、可靠的人员绩效和有效的管理体系的综合产物。《机械完整性体系指南》(以下简称MI指南)向读者展示包括重点领域在内的MI方案的设计、开发、实施和持续改进。这些重点领域的背后是复杂且支持性的管理体系。MI指南还包括对支持方案的建议。

要开发一套MI方案，工厂管理部门需明确应包括哪些设备单元，以及这些信息应细化到何种程度。同样，提升现有的MI方案，要求确认这些决策正确且被贯彻实施。因此，这些指南针对广泛的读者和潜在用户。此外，尽管对于工厂而言，符合联邦、州和地方规章往往是激励因素，但MI指南并不受任何规章制度的限制。相反，遵循MI指南可以帮助工厂开发、实施和/或提升现有的MI方案，同时符合这些规章的要求。

一旦明确目标和设备的定义，工厂管理部门需要制定并执行与MI相关的系统性的活动。包括：

- 检验、测试和预防性维修(ITPM)
- 所有受影响人员的培训
- 相关程序
- 质量保证(QA)
- 设备缺陷的判定

MI指南包括了以上所有内容的方法。这些活动的具体细节取决于工厂文化、监管责任和公司的优先次序。虽然书中几乎未包括任何约定俗成的信息，但该MI指南提供的方法适用于各种行业和各种规模的工厂。

MI活动的实施很大程度上取决于所涉及的设备特定类型。因为大多数的法规、标准和其他指南针对特定设备类型，MI指南中有一章内容专门描述适用于不同设备类型的具体方法。该章节中列出了许多被认可和普遍接受的良好的工程实践(RAGAGEPs)。RAGAGEPs的关键方面(如检验的时间间隔)也在该章节中列出，但鼓励读者查阅参考文献获取更详细的信息。

MI方案的有效执行需要大量的资源。通常这些资源包括一个计算机维护管理系统(CMMS)。尽管一些内部软件也十分有效，但现在有许多商业的CMMS软件包可以购买到。MI指南包括CMMS中应包含的基本信息，CMMS应作为一部分安装到有效的MI方案中。

由于大多数MI方案需要大量的资源，可以有效利用基于风险的决策优先分配资源。各种各样的文本已经写入适用工具中用于作出决策。MI 指南包括许多工具的概述和可以获取这些资源的参考文献。

MI 指南的最后一章是关于 MI 方案的持续改进。持续改进可确保 MI 方案持续在高水平下运行。某些改进可以简单地通过询问恰当的问题(如审核)及跟踪解决问题的方式实现。频繁开展改进活动将实现持续改进。

为方便读者，附录中的材料和参考文献列在书中相关章节的末尾。另外，由于材料部分存在：过于冗长而没有在附录中完全列出；经许可从其他来源中直接复制；需要使用电子版本等上述原因，读者可参考原版书所附的英文光盘。

最后，读者和管理者应注意，有效的 MI 方案并不能保证不发生事故。但有效的 MI 程序结合其他有效的风险管理程序(RMPs)能够降低与化学品操作相关的风险。

1
引言

几十年来，设备完整性活动已经成为工业过程中预防事故和保持生产力的一种有效方法。行业的倡议、企业的积极行动以及各国的规章使得设备完整性方案的要求变得明确，并推动了其实施。目前，设备完整性已深深扎根于许多炼厂及相关产业的文化中。对于这些工厂而言，某些设备完整性活动对维持其经济存活能力有着极为重要的作用。

自 1992 年以来，美国职业安全与健康管理局(OSHA)的过程安全管理(PSM)规定(美国联邦法规第 29 章第 1910 条 119 款)(参考文献 1-1)极大地推动了设备完整性(MI)方案在美国化学加工工业(CPI)中的实施。紧随其后的便是环境保护署(EPA)的风险管理程序(RMP)规定(美国联邦法规第 40 章第 68 条)(参考文献 1-2)。这些基于绩效的规定均包含有 MI 要素，该要素通过下列 6 个子要素定义了一个方案的最低要求：

- 申请(包括的设备)；
- 书面程序；
- 培训；
- 检验和测试；
- 设备缺陷；
- 质量保证。

虽然这些规定中并未说明具体要求，但这 6 个子要素代表了有效的 MI 方案久经考验的做法。每个子要素的细节部分留给工厂自行开发和执行。美国 PSM 和 RMP 所覆盖的所有在役工厂自这些规定发布之日起至少已完成三次符合性审核。审核结果显示这些工厂的 MI 方案仍有显著的提升空间。因此，美国化学过程安全中心(CCPS)技术指导委员会启动了编写指导书的项目，以解决 MI 方案的开发、实施、管理和持续改进。

本指南主要针对 CPI 企业编写，但其中大部分信息同样适用于其他工业。本书虽编写于美国，但同时也有意识地努力使其适用于世界各地的工厂。在推荐有效创建 MI 方案的同时，也提出了对职员和资源较少的工厂开发 MI 方案的思路，旨在帮助创建或者改进 MI 方案。

1.1 什么是设备完整性

本文中介绍的设备完整性是对确保主要运行设备在使用年限内符合其预期用途的必要活动的纲领性贯彻。MI 方案因行业、监管要求、地理位置和工厂文化而异，但良好的 MI 方案具备某些共同特征。举例来说，一个成功的 MI 方案应：

- 包括确保设备以适合其预期用途方式设计、制造、采购、安装、运行以及维护的一系列活动；
- 根据已定义的标准，明确指定方案中所包含的的设备；

- 将设备按照优先次序排列，以帮助优化配置资源(如，人员、资金、占用空间等)；
- 帮助员工执行设备维护保养计划及减少计划外维护；
- 帮助员工识别何时发生设备缺陷，并包括相应控制措施以确保设备缺陷不会导致严重事故；
- 收录被认可和普遍接受的良好的工程实践(RAGAGEP)；
- 帮助确保执行设备检查、测试、维护、采购、制造、安装、退役及重新服役的指定人员已接受适当培训并获取执行上述活动的资格；
- 维护服务文档和其他记录，以确保设备完整性活动的持续进行，并为其他操作人员提供准确的设备信息，这其中也包括其他过程安全及风险管理因素。

此书针对以上特征，提供了有关改进设备完整性系统的措施。

1.2 MI与其他方案的关系

一个实用的MI方案将适合工厂设备现有的工艺安全、RMP及改进举措(例如：可靠性，质量)。负责开发和管理MI方案的人员可以通过利用现有方案和了解相关工作负责人员的方式优化该方案。表1-1列举了MI系统与其他设备方案的潜在联系。

1.3 MI方案的预期成果

为了能在制订和改进MI方案时提供完善的指导，本指南对化学加工工业中的经验教训进行了评估，提供了实现MI方案的许多方法。MI方案必须能有效地预防事故，同时它也是工厂过程安全、环境、风险和可靠性管理体系的有效组成部分。本书指出不同方法在适当情况下的优缺点，公司管理人员可据此判断哪些方法最适合他们工厂或者公司的需求。

在MI方案开发过程的早期阶段设定一个预期的目标是非常有效的做法，同时应注意预期目标对方案的影响。MI方案的合理预期包括：

- 提高设备的可靠性；
- 减少引起安全和环境事件的设备故障；
- 提高产品一致性；
- 提高维修一致性及效率；
- 减少计划外维护时间和成本；
- 减少操作费用；
- 改进备件管理；
- 提高承包商绩效；
- 遵守政府法规。

当然，每个目标都会产生相关的开支(如：更详细的程序，更大的仓库，更完善的计算机系统)，因此公司应进行目标优选。

本书并不提倡专注于符合法规的MI方案制订方法，这种做法的动机往往是出于经济利益的考虑。不幸的是，持有这种观点往往会将公司置于危险境地，因为符合性要求通常是模糊且受限于对法规的曲解。此外，要求经常会发生改变(通过立法修改法律或者法律条文新的解读），仅仅只是合乎法律的方案可能在更多方面错失更多的好处，比如减少对工人、临近社区及工厂的风险。更加全局性的举措有助于以下方面。

表 1-1　MI 方案与其他方案的潜在联系

设施项目	潜在联系
设备可靠性	• 可靠性方案的活动有助于 MI（比如：振动检测，设备质量控制[QC]） • MI 系统可以作为为工厂可靠性方案的基础
职业安全	• 职业安全程序有助于确保 MI 活动的安全绩效 • 职业安全人员可以帮助维护应急响应设备的完整性
环境控制	• 环境主动行为有助于 MI（如：短时排放检测、化学排放检测）
员工参与	• 不同部门的员工应都参与 MI 方案编制
工艺安全信息	• 设计规范和标准影响 MI 活动，如：设备的设计、检测和维修 MI QA 有助于证明设备适合其设计用途 • MI 可能有助于建立或决定改变安全操作上下限
工艺危害（PHA）	• PHA 有助于为 MI 方案设定设备范围 • PHA 有助于为 MI 活动排好优先次序 • MI 历史可以帮助 PHA 团队决定保障措施的充分性
操作规程	• 操作规程可能包含与 MI 相关的活动，如：设备监测包含于操作工巡检、报告操作异常、设备运行记录及设备维护之中
员工培训	• MI 培训的内容应该与操作人员的培训计划内容一致
操作人员	• MI 方案中的检查和维修任务可能影响对承包商技能的要求 • 由于承包商经常执行 MI 活动，因此挑选承包商的过程中要考虑其安全绩效及工作质量
启动前安全审查（PSSR）	• 确保设备根据设计进行制造和安装的 MI QA 做法可在 PSSR 期间全部或部分解决
动火作业许可（及其他安全作业做法）	• 安全作业做法依靠 MI 活动的执行
变更管理（MOC）	• MOC 应适用于 MI 活动和文件（如任务频率及程序的变更） • MOC 应确保在评估过程变更时考虑到 MI 的关键问题（如腐蚀速率及机理） • 建立包括过程和 MI 人员在内的危害审查团队 • 变更管理程序可以进行升级，以帮助管理设备缺陷 • 应审查更换“同类”设备的做法，以确保 MI 记录不被修改（如更新检查记录和时间表）
事件调查	• 调查团队可能会需要 MI 记录 • 调查建议可能会影响 MI 活动
应急计划及响应	• MI 方案中应包括应急响应装备
符合性审核	• 应对 MI 方案进行审核——审核结果有助于 MI 方案的改进
商业秘密	• MI 活动所需要的商业秘密不应被截留

- 将 MI 系统作为公司优先考虑的问题，而不是被动要求；这样也能使得人们少走捷径从而确保遵从性；
- 使设备和工艺可靠性措施能协调起来，从而提高产量和/或者降低成本；
- 解决指向员工、社区或者企业的实际风险。

因此，更全面的方法能够确保遵守政府法规，同时最终往往变成由此带来的支出要少于遵守最低法规要求的支出。

1.4 RAGAGEP 的效果

RAGAGEP 对于 MI 方案而言是十分重要的资源。在设备及生产实践中许多过程安全参考文件及指导文件依赖于 RAGAGEP 中大量关于设备及生产实践的内容，比如：

- CCPS，“设计规范提出……最低要求”；《过程安全工程设计指南》(参考文献 1-3)；
- CCPS，“更广为接受的设计做法包含于各种国家和行业标准中”；《过程安全管理体系实施指南》(参考文献 1-4)；
- 美国化学理事会(ACC)，“每家成员公司应有正在使用的过程安全方案包括……工厂设计、制造和维护，采用与公认规范和标准相一致的健全的工程实践”；《工厂管理实践中过程安全规范的资源指南》责任关怀® 过程安全规范(参考文献 1-3)。

此外，法规对 RAGAGEP 的使用要求：

- EPA 和 OSHA，“检验和测试程序应遵循被认可和普遍接受的良好的工程实践”；EPA 第 40 章第 68 条和 OSHA 第 29 章第 1910 条 119 款；
- EPA 和 OSHA，“雇主(所有者或操作者)应记录设备与被认可和普遍接受的良好的工程实践保持一致”；EPA 第 40 章第 68 条和 OSHA 第 29 章第 1910 条 119 款。

什么是 RAGAGEP？简言之，RAGAGEP 是依据已确定的规范、标准、出版的技术报告或推荐作法(RP)(或类似名称的文件)，对设计、操作或维修活动提供指南的文件(参考文献 1-6)。它们为执行具体工程、检验或维修活动详细描绘了一种被普遍认可的方式，比如压力容器制造、储罐检查，或安全阀维修。其中的许多内容在获得广泛的行业及专家公共技术的意见后又有所发展，被行业和技术组织一致接受。所以，RAGAGEP 为 MI 方案提供了宝贵的起点。

在某些情况下，国家、州或者地方会强制使用 RAGAGEP。此外，许多公司吸收同化由制造商或过程授权者提供标准(通常也是基于 RAGAGEP)。而有些公司根据公司和行业生产实践制定了内部标准。为了有效地利用 RAGAGEP，工厂管理者必须确定哪些做法是可用的，而后评估每条做法对其设备的适用性。无论对一条 RAGAGEP 的发布是否达成一致，大部分标准不是针对工厂中具体设备、具体化工用途、具体场所特殊环境或者具体操作方法所编写的。具有成功 MI 方案的工厂正创建自己的数据记录，以帮助确定(或验证)每条标准持续的适用性和用法。

本书的几个章节详细介绍了 RAGAGEP 适用性和用法。这些做法的描述及其用法在书中有所提及(比如检查的时间间隔和技术)，但并未给出实际的 RAGAGEP。如今，新的或者修订的规范、标准和推荐做法正在持续地发展，故而公司应该有到位的管理系统来配合新的标准及现行标准的变化。

1.5 本书的结构

本书主要针对从事新的 MI 方案制订及现有方案优化的人员。该书虽编写于美国，但几乎未引用司法规定，按照本书中所描述的方法应有助于努力遵守与 MI 相关的法规或规范要求的任何组织。同样，所引用的标准或规范一般是选取美国规定，其他地区的标准也有所涉及，书中的大部分信息与规范和法规相一致，但并不是直接提取。书中的推荐方法适用于任何地区。

本书的开篇部分是介绍 MI 方案创建中的基础问题。第 2 章讨论了公司人员的角色与职责，并检验了管理人员所承担的确保 MI 方案成功的现行活动。第 3 章回顾了工厂确定该方案所包含的设备时所做的考虑。

第 4 章介绍了检查、测试和预防性维修(ITPM)。许多同行在评审此书时建议预防性维修(PM)不应属于 MI 系统。许多传统 PM 计划只是针对非完整性的例行检查。而此书中的“预防性维修”指用于防止 MI 方案中未进行检验或测试的设备失效的活动(比如转动设备的润滑)。

第 5 章介绍了员工培训，第 6 章描述了 MI 所需的程序。第 7 章介绍了关于 QA 的生命周期方法，第 8 章介绍了设备缺陷的识别及处理。第 9 章着重介绍了第 4 章~第 8 章中涵盖的管理体系的特定设备方面，第 10 章回顾了 MI 方案中遇到的常见问题。其余两章包含了有关 MI 方案的补充信息。第 11 章中概述了基于风险的工具，可用于与 MI 活动相关的决策。第 12 章中对不断评估和改进 MI 方案提出了建议。多数 MI 活动都集中在以下 4 方面：

(1) 新设备(设计、制造和安装)；

(2) 检验和测试；

(3) 预防性维修；

(4) 维修。

如表 1-2 所示，第 4 章~第 8 章描述了处理这 4 方面的管理体系，第 9 章则着重介绍了这些方面的特定设备。

表 1-2 处理 MI 活动管理体系的各章节

属　性	新设备	检验和测试	预防性维修	维　修
任务定义、目的和文件要求	第 7 章(QA)	第 4 章(ITPM)	第 4 章(ITPM)	第 8 章(缺陷处理)
验收标准	第 7 章(QA)	第 4 章(ITPM)和第 8 章(缺陷处理)	不适用	第 7 章(QA)
技术基础	第 7 章(QA)	第 4 章(ITPM)	第 4 章(ITPM)	第 7 章(QA)
程序	第 6 章(MI 程序)			
个人资格	第 5 章(MI 培训)			

参考文献

1-1 Occupational Safety and Health Administration, *Process Safety Management of Highly Hazardous Chemicals*, 29 CFR Part 1910, Section 119, Washington, DC, 1992.

1-2 Environmental Protection Agency, *Accidental Release Prevention Requirements: Risk Management Programs*, Clean Air Act, Section 112 (r)(7), Washington, DC, 1996.

1-3 American Institute of Chemical Engineers, *Guidelines for Engineering Design for Process Safety*, Center for Chemical Process Safety, New York, NY, 1993.

1-4 American Institute of Chemical Engineers, *Guidelines for Implementing Process Safety Management Systems*, Center for Chemical Process Safety, New York, NY, 1994.

1-5 American Chemistry Council, *Resource Guide for the Process Safety Code of Management Practices*, Washington, DC, 1990.

1-6 Decker, L. and R. Montgomery, *Defining and Maintaining a RAGAGEP Program*, presented at Process Plant Safety Symposium, Houston, TX, December 1998.

2
管理职责

工厂的维护、操作及工程组织中的许多人员应当参加到工厂的设备完整性(MI)管理中。个人的参与范围可以从短暂的接触直到整个职业生涯的管理工作责任，并且这个参与过程中可能发生在设备生命周期的任何或者所有阶段。在成功的 MI 方案中，监察人员及管理者强调每个人如何去防止事故并提高过程的可靠性。因此当工作人员在工厂的危害管理体系内工作并使用与 MI 相关的有效的知识、技能、资源和程序时，这样的做法是显而易见的。

本章讨论的是，监察人员和管理者如何通过沟通及知识、技能和资源的有效应用等这样的方式促成设备完整性管理项目最终的成功实现。本章中所涉及人员，既包括监查人员、管理者包括所有负有监督和/或管理职责的工程、维护、操作及相关部门的人员，也包括对整个工厂负有领导责任的人员。

2.1 工厂领导层的角色、责任

工厂的领导层对工厂危害管理体系提供可见的和积极的参与是有助于预防事故的最佳方法之一。MI 方案中的管理及监察人员的主要职责是：(1)确保懂行的人员使用有效的工程和决策工具及方法进行适当的活动；(2)逐步灌输一种预期，即只有在设备条件所决定的安全操作限值内，业务计划方可圆满完成；(3)确保设 MI 方案如期执行(例如，检查及测试)、管理活动按计划推进；(4)对于 MI 相关活动，确保在工厂危害管理体系内能对其实现和维护作出适当的控制。主要控制机制是：

- 建立明确的组织角色、责任和问责制；
- 对设备的运行状态和 MI 建立报告机制；
- 确保对 MI 方案及 MI 活动计划状态管理体系的总体危害实施审核。

2.1.1 组织的作用和职责

工厂管理的一个重要作用是确保将具有相关专业知识的人员分配到 MI 方案的制订过程中，并让其提供专业指导。例如，对于贯穿于工厂设备整个生命周期中的一个指定应用而言，工厂的技术人员或可服务于该工厂的人员能够引导来自不同部门的人修订被认可和普遍接受的良好的工程实践(RAGAGEP)。这个生命周期包括过程设备的设计/工程、制造、采购、接收、储存和检索、施工和安装、调试、运行、检查、状态监测(CM)、功能测试、维护、修理、改装和改造、退役、拆除和重用。

管理人员可以通过支持技术人员提出的建议和适当地考虑到这些建议在操作或经济层面的限制的方式进一步证明对该方案的承诺。工厂领导层提供一定的指导和方向，以确保设备的技术作用能够被工厂内的每一位工作人员所接受。例如，作为基于设备条件的安全操作限值的管理者，技术人员应在决定有已知缺陷的设备是否应继续服役时提供重要的信息输入。

技术人员提供的输入，可以使工厂管理人员在维持安全操作的同时管理工厂的资产。

2.1.2 作用和职责矩阵

方案管理和执行的作用和职责可分配到各部门的工作人员。一个全面的方案文件能有效地沟通管理体系和 MI 方案相关作用传达给工厂工作人员。事实上，许多工厂都发现建立并维持一个更为详细的书面 MI 方案以支持各项 MI 活动的现实必要性。书面方案可以记录 MI 方案不同方面、不同参与程度的作用和职责。有的人会直接负责某个活动，其他人则是参与活动的制定或执行，还有一部分人可能只需要知道活动的进展和结果。阐释这些不同责任和角色的一个简便方法就是建立作用/责任矩阵。这样一个矩阵通过明确各项活动的岗位职责的方式将不同的活动与不同的作业岗位的职责以及其他人员的参与程度联系起来。

MI 方案管理作用和职责举例如表 2-1 所示。此矩阵左栏列出了方案活动，在最上面一排位置按部门列出了典型的工作岗位。单元格内含有字母代号表示对于某个活动该工作岗位的职责和其他职位工作人员的参与水平。这个矩阵使用的字母代号如下：

- R 表示对活动负有首要职责的工作岗位。
- A 表示批准及决策工作的岗位。
- S 表示负责支持主要负责人并可能参与到活动中的工作职位。
- I 表示的工作职位有可能被告知活动结果，可能会被要求提供信息，或者可能有少量的参与活动。

这本书的后续章节中，将采用该矩阵的格式呈现更具体的作用和职责。

2.1.3 报告机制

报告机制是必要的，以此可提供适当的和及时的有关于设备过去运行表现的信息，并提醒公司内部不同层级工作人员 MI 活动对于持续保障设备完整性的必要。工厂人员所感兴趣的信息包括如下这样一些问题的答案：

- 设备噪声如何？
- 设备明天、下周、明年是否还继续适合服役？
- 检查是否超期？维护计划上有多少维护作业积压未执行？是否有未解决的设备缺陷？
- 设备条件措施提供什么样的信息？
- 是否坚持上报与 MI 相关的事件或未遂事件？
- 是否有合格的人员可用于完成所有要求的 MI 任务？
- 工程保障是否总是有效？
- 是否一贯遵循 MI 程序和标准？
- MI 指标提供什么样的信息？
- MI 数据的可信度如何？

工厂管理和有效的 MI 方案确保：(1)定期询问这些类似的问题；(2)这些问题的答案是完整和准确。虽然设备可能经历了多年无事故作业，但对程序运行的自满以及危害管理体系审计的不严格，可能会容许不良维护和操作做法的发展，从而导致出现上述问题不期望的答案。

表 2-1 MI 方案管理的作用及职责矩阵

活 动	工作岗位								
	工厂领导层或现场经理	工程经理或领导(技术保障角色)	维护经理	维护主管	区域负责人或装置负责人	生产主管	过程工程经理	EHS 经理	PSM 协调人
方案协调及整体职责	A	S	R	S	S	I	I	I	I
建立审核时间表和内容	A	S	S	I	I	I	I	R	R
制定指标	I	R	A	S	S	S	S	I	I
报告/审查指标	A	R	R	I	S	I	S	I	I
确定组织作用	R	S	S	I	S	I	S	I	I
提供技术内容		R	S	I	S	I	S		
培训/人员发展	A	R	R	S				S	I
MI 作用中的承包商监督		P	R	P	P				
设备缺陷管理	A	R	S	I	R	S	S	S	I
程序开发		R	A	S				S	I
定义/维持 RAGAGEP		R	A	I				I	I
设计安全操作限值	I	A			S	S	R	I	I
维护设备记录		R	A	S					
建立质量保障(QA)要求		R	A	I	I	I	I		

注：将活动的职责分配给多个工作岗位表示共同承担职责或承担活动内某具体范围的职责。

应定期向管理部门通报这些问题的答案，以帮助确保设备的完整性。因为每一个操作及其相关危害是特有的，工厂管理部门应当与操作人员一道为每个过程提出适当的解决方案。

2.1.4 审核

审核是任何管理系统的一个重要方面。正式和非正式的审核为工厂管理理解 MI 活动的有效性提供了一种方式。MI 审核活动的某些层面应当在工厂的内部持续开展。这些审核活动可能包括常规的讨论、定期的管理工作及状态报告、法规要求的审核、定期进行的技术审核和部门效益审核等。本书第 12 章中阐述了 MI 方案审核的具体细节。

审核是有价值的，因为 MI 活动的持续性产生大量信息，形成了日常决策的基础。了解设备完整性问题促使操作安全平稳，保障无事故运行。正在进行的和持续的审核实践可以帮助发现设备完整性问题或在事故发生前发现 MI 方案缺陷。

2.2 技术保障职责

技术管理和监督人员应确保 MI 方案活动按照危害管理体系的要求完成，同时在某种程度上也满足具体任务的要求。因此，管理人员必须确保合格的人员可用于执行所有相关任务。在某些情况下，合格的人员可以从总公司组织中选拔。然而，现场有合格的工作人员完成必要的 MI 任务往往是最好的。(第 5 章讨论了执行 MI 任务的人员培训和资质获取)以下各节讨论 MI 方案支持提供的一些具体的技术保障职责。

2.2.1 定义验收标准

管理人员负责制定适当的设备验收标准。这些标准包括设备生命周期内可接受的工作窗口，它主要是基于实际情况下的操作限制(过程变量或被测材料的限值)，以及到下一次条件检查、功能测试、维修或更换之前的运行时间。设备操作窗口的上限和下限取决于设备当前的状况或功能评估及预测的运行条件或随着时间变化的功能。图 2-1 示意这种操作窗口。

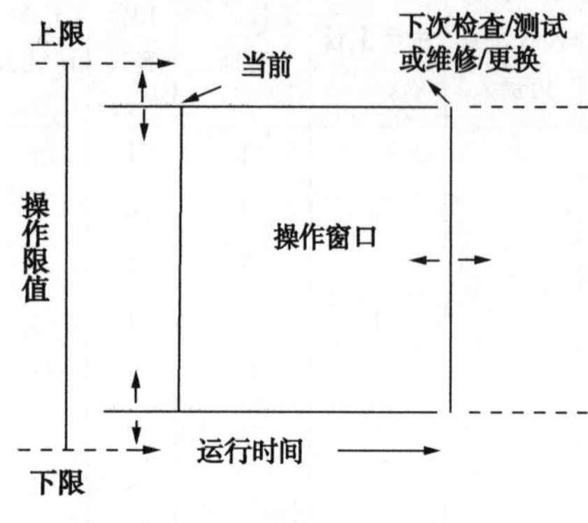

图 2-1　操作窗口的定义

每个 MI 活动必须满足验收标准，并符合 RAGAGEP。监管和技术管理人员通过雇佣技术保障人员协助这些活动的推进，以求：(1)制定有技术内容要求的程序和其他 MI 文件；(2)确定设备 CM 和 MI 方案的绩效指标；(3)技术上审查 MI 活动的结果。

2.2.2 提供技术内容

提供的技术内容要求应包括：(1)如何执行及检查工作的详细信息；(2)对建造材料的要求；(3)应遵循的适用规范和标准；(4)检查、测试的验收标准；(5)特定设备的检验技术。此外，若决定操作有缺陷的设备，可以将技术保障人员获得的相关数据作为基础。这些信息可能包括设备当前和预测状况、维修要求、在役监测的要求和/或修订过的安全操作限值。详细内容可参见第 8 章缺陷设备管理的相关信息。

2.2.3 建立指标

技术保障人员可以识别相关的检测标准，或指标，并作为设备完整性的指标。设备指标应包括与如下项目相关的检测：(1)MI 方案的实施和时间表跟进；(2)设备状况的变化趋势；(3)程序的跟进；(4)培训状态。特定训练方法可以提供影响设备完整性的完整性活动的状态和趋势信息(例如，逾期的检查和测试的增加)。通常情况下，用于报告 MI 状态的指标包括：

- MI 活动积压管理；
- 预防性维修(PM)的时间表跟进；
- 设备缺陷处理；
- 每个设备类型的检查和测试计划跟进；
- 建议解决方案和实施(例如，来自检查和测试活动)；
- 设备事件调查的建议方案和执行；
- 设备运行接近设计年限或寿命；
- MI 方案的审核发现和建议的解决及整改；
- MI 程序使用(例如，所使用的是当前程序吗)；
- 工艺及技术人员的培训和资格认证。

第 12 章中将进一步讨论指标的使用。

2.2.4 确保技术审查

MI 活动成果的技术审查是一个重要的技术保障环节。收集的数据量和设备状况劣化趋势等材料为设备的检查、测试、预防性维修(ITPM)和设备维护维修结果的审查提供可能。对数据结果的快速技术审查可：(1)辨识有缺陷或者临近缺陷条件的设备；(2)允许将安全保障措施无法使用情况迅速通知到受影响的人员；(3)提高纠正措施的时效性和有效性；(4)有助于防止将不正确的信息记入设备的历史记录。

3 设备选型

在设备完整性(MI)方案建立的初期，工厂的人员需要确定范围并掌握其中的设备清单。本章讨论了识别设备是否包含于 MI 方案中需考虑的某些准则。解决这些问题有助于确保：(1)方案包含所有所需设备；(2)贯彻理解方案的设计基础。工厂确定设备范围应采取的几个步骤包括：

- 审查方案目标；
- 建立和记录设备的选型标准(包括和剔除何种设备类型)；
- 明确详细程度(是否单独包含设备或仅作为系统的一部分)；
- 记录所选的设备。

这样的工作所形成的设备清单，可以作为：(1)制定检验和测试计划的基础；(2)记录-归档系统；(3)MI 方案中其他特定设备的组成部分。

3.1 审查方案目标

工厂人员应在确立设备范围之前要审查方案目标。工厂是否符合过程安全管理(PSM)、风险管理程序(RMP)规范、国家锅炉和压力容器规范及任何其他规范？如果是这样，在其管辖范围内可要求某些特定设备包括在 MI 方案中，即法规可用于限制方案覆盖的范围。但是，要注意法规可能是模糊的，且对其解读也可能会改变，因此，MI 方案仅追求对法规的符合性可能不如追求一些额外的目标更为有效(参见 1.3 节)。

公司管理层面出于种种原因积极开发 MI 方案，可能会远远超出合规性的范围。为减少过程安全和/或职业安全或环境事件的可能性，鼓励将方案中额外的设备纳入其中。产品质量提升和可靠性的改进，如停机时间减少和/或延长设备寿命，也可能是将许多额外设备包括其中的动力之一。需要注意的是，这也意味着需要增加额外的设备检查、测试和质量保证(QA)任务。

在一些工厂中，人们发现可以通过其他的手段来改善与他人之间的可信度，而无需过分费力地进行设备选择。在实现合规性和逐步发展进一步目标的过程中，这种可信度对于协同工作而言十分重要。成功的 MI 方案通常从一个相对较小的初始范围开始执行(例如，中试)，而后当 MI 项目成为工厂文化的一部分时，它可以进一步扩展或深化。其范围通过方案实际情况的扩展是很重要的。

3.2 确立设备选型准则

定义所包括的设备类型，可能涉及法规解读、其他方案目标的阐明、绩效目标的陈述以及经常会出现的逐案决策等。由于部分操作可能涉及不确定性，建立并记录明确准则是项目成功的重要方面，该准则可用于解释方案中包含和剔除某些设备的原因。(注：很多时候排除某些设备的原因比包含某些设备的原因更有用)。明确定义标准可能无法防止设备选型决策受到挑战(例如内审或第三方审核)；但是，即使当清晰的设备选择指南不那么全面有力时，明确的设备选型指南的贯彻应要比前后矛盾不一致的指南更具说服力。标准的选择、依据此标准确定设备列表所采用的程序，以及相应的作用和职责应该需要全面记录(见第3.4节)。附录3A中给出了一个设备标准记录的简单例子。

本书第9章中讨论了MI方案中包含的设备类型举例。本节确立建立设备选型准则的基本原理。有些公司指定了安全和/或环境的关键设备。因为化学加工工业(CPI)一个共同的目标就是控制有害化学物质，MI方案几乎总是包括：(1)压力容器；(2)常压和低压储罐；(3)管道和管道组件，包括阀门、在线过滤器、喷射器、文氏管；(4)泄压装置(例如，压力安全阀[PSV]、爆破片、压力真空阀、加权舱口)和保护这些设备的通风系统。列出压力容器、储罐和泄压装置通常很简单。将管道添加到设备清单中可能会更加困难；这部分内容将在下一节"明确详细程度"中作讨论。

除了压力容器、储罐和管道，工厂人员还应考虑是否将二级密封组件(例如，堤坝、围栏、污水池、其他废物收集系统)都包括在内。通常情况下，公司出于环境和安全(和法规)的考虑将二级密封组件纳入其中。此外，对结构部件的防火和储罐绝缘设计(特别是当泄放设计归功于绝缘时)应考虑纳入MI方案中。

含有危险液体的转动设备也需要考虑在内，确保这些危险液体不泄漏；此外，以下关于转动设备项目也应予以考虑：

- 保障工艺流是目标吗？如果是，驱动装置(例如，涡轮机、电机)可能需要被包括在内。
- 哪些非密封件(例如，搅拌机、输送机、风机)需包括在内？考虑到这些部件的失效时，需识别对过程和/或人员安全造成的危害。
- 非工艺部件(例如，冷却水系统、蒸汽系统、制冷系统、配电系统)需包含在内吗？如果是，这些系统的密封性(和功能)很重要吗？再次，考虑这些系统失效可能造成的危害。

功能性的管道元件同样可能有绩效目标，如过滤器、喷射器、文氏管。

在大多数的MI方案中仪表是要考虑的一个重要方面。识别应包含哪些仪表，确定需要哪些具体活动(例如，功能测试，QA认证)都可能会产生困难。通常情况下，过程仪表可以防止、检测和/或减轻突发事件。只有对与MI方案相关的潜在事件有影响的那些仪表才需要考虑在内。此外，对于一个具有相对较高风险的特定意外事件，确保采用更多的保护层十分有必要。

制订MI方案的仪表清单有很多方法(有时也被称为"关键仪表"清单)。有些工厂包含有覆盖任何其他设备的所有仪表。有的工厂要求操作部门(s)为仪表列清单，而另一些则从工艺危害分析(PHA)报告中的保障措施里提取仪表清单。任何一种方法都可以采用，但同时每种方法也有与它相关的典型缺陷。从覆盖其他设备的所有仪表列举清单可能较为简单，但也会导致(1)冗长的积压测试清单；(2)占用更重要的MI任务的资源。从操作部门获得数据是有利的，但缺乏可遵循的指南和示例，从操作中产生的仪表清单是不一致的且难以维护。同样，PHA团队可以是一个很好的资源，但是，只用PHA报告是不够的。为提高PHA作为一种资源的有效性，应向PHA团队提供包含于MI方案中识别仪表的具体目标，以及对仪表选型和示例的指南。

使用满足仪表、系统和自动化协会(ISA)/美国国家标准学会(ANSI)S84.0安全仪表系统(SIS系统)的研究结果能够帮助工厂人员建立选择提供应急功能的仪表标准。另外，当已经采用保护层分析(LOPA)来对工厂进行安全保障分析时，LOPA结果可以识别对过程的安全性有重要作用的仪表(除其他保障措施)。本书第11章中提供了更多关于LOPA的信息。

公用工程可能是工艺操作的关键，应考虑将其纳入MI方案中。通常情况下，公用工程的功能比系统密封更需要得到关注。需要考虑系统范围内的危害，如氮的损失，这可能会形成储罐中爆炸性的蒸气空间。然后考虑单一危害，如分析区域内的氮气系统泄漏，可能导致窒息的危险。此外，评估设备的功能，如不不间断电源系统(UPS)、应急通信系统、电气接地和连接系统等。质量PHA报告应该已经确定了这些问题的类型，如此可反过来用于识别应该包括在MI项目中的系统/设备。

用以减轻或作为防止化学品泄漏、火灾和其他灾难性事件的最终手段的设备和系统应包含在MI方案中。这包括固定式和便携式消防设备，也可能包括紧急惰化或“遏制”系统(例如，反应终止、反应减缓)，密封系统，泄漏探测器等。

另一个要考虑的是属于外部公司(例如，化学供应商、散装气体供应商)但又连接到业主公司主要过程上的设备。业主公司将最终负责可能导致安全、环保、装置运行情况的任何意外事故，但是，拥有此设备的外部公司通常负责设备维护(根据合同条款)。包含于业主公司MI方案中但隶属于供应商的设备，应该用与业主公司自身设备评估相同的方法其进行评估。通常情况下，供应商将仍然执行MI活动，但是，业主公司应采取措施，以确保供应商的MI活动符合或者超过业主公司MI方案要求。

同样，交通运输设备，包括用于现场存储的设备，当其连接在某个工艺过程中时或者当其脱离动力设备时(例如，一个卡车拖车连接至过程中，以及从卡车上断开时)，通常被认为是一个化学过程的一部分。与运输设备相关的MI活动通常是运输公司的职责范围，业主公司难以对其追踪。业主公司应确保运输公司了解MI的要求，并制定规定以确保MI活动的进行。请注意，当运输设备是用于连接在工艺过程的现场存储时，它通常被认为是该过程的一部分。

MI方案应有配备临时零件的规定，如将租赁设备或运输设备连接到工艺过程中的传输软管。此外，应配备临时检修工具，如泄漏维修钳夹(例如，在工厂的变更管理[MOC]方案中)，这些备品配件一般不包括在设备清单内，但都是根据具体的情况进行配备。

某些工厂的MI方案开发人员可能会倾向于忽略传统的安全、消防、应急响应、装置疏散警报、通风系统建设、MI设备清单中配电设备，因为这些设备的采购、检验、测试工作都是由其他部门的人员(例如，安全人员，消防队长)完成，或通过承包商在其他部门的监督下完成。但是，该设备的MI活动必须达到或超过MI方案的要求，这样的MI活动还要做好完善的记录。

最后，考虑结构部件，如基础和结构支撑(例如，管道支撑柱和管架)，是否应包括(分开，作为相关设备的一部分，或者不是全部)在MI方案中。考虑设备的年限和历史(也考虑检查新安装的结构性缺陷)、结构组件的表观状态和地域问题(如潜在的地震或飓风破坏)，以确定是否将结构部件包括在工厂的MI方案中。

3.3 定义细节程度

一旦建立了设备的选择标准，工厂就可以生成设备清单。针对设备列出清单就可以在不同层次细化，因此，工厂应明确此类问题或相似问题的方法以确保统一：

- 压力容器。一般来说，该类设备也包括其内部盘管、衬里和与外部保护层。确定是否对这些组件中的任一组件或所有组件给予特殊指定。
- 成套转动设备。润滑油系统、密封冲洗系统、其他大型转动设备配件如管道、泵、压力容器、仪表，都应包括在MI项目中。有时，这些物件一起安装在一个防滑垫木上且没有单独的编号。某些工厂为各个部件指定编号，并将其单独列出。其他工厂则将转动设备的所有支持组件聚集在一起。
- 公用工程。某些工厂将整个系统集合在一起。其他工厂则列出各个系统组件。确保整个系统清单中包括系统中的各组件的完整描述。
- 供应商打包。某些工厂逐项列记供应商设备的各个独立部件。其他工厂可能将供应商的设备按系统集合打包。同样，当作为一个系统列出时，要包括一个完整的系统组件描述。
- 管路。在一个相对简单的工厂中，管道可以由系统描述列出。更多的时候，工厂使用管线标记系统。无论使用哪种系统，工厂需要明确如何将管组件包括在内。应该适当考虑管道的附件(例如，膨胀圈，膨胀节，视镜，排水管线，料嘴，紧急隔离手动截止阀，管道的电气连接，以及阴极保护)。绘制等距电路图和/或重点管道和仪表图(P&ID)对配合管道系统描述是有利的。
- 仪表回路。因为MI活动由不同团队完成，且测试组件的频率可能会有所不同，有些工厂更喜欢单独列出仪表回路的组件。而另外一些设备装置喜欢由自己识别和列出的仪表回路部件。两种方法都可以使用。即使在设备对组件分开列表标识也要确保对仪表回路的功能和相关逻辑进行测试。
- 泄压/通风系统和设备。许多泄压装置都进行独立编号。然而，很多配件如密封圈和加重的舱门都是作为容器的一部分的。确保MI项目中要包含到这些部件。此外，通常将泄压装置管道排放作为泄压装置维修的一部分工作。这种管路通常与设备编配到一起。确保这些系统不可分割的组成部分(例如，火炬，释放救援罐，释放转储罐，应急辐射保护)均得以确认。
- 火焰和化学释放减灾系统。类似仪器回路的考虑，这些系统可以被视为系统或单独组件。此外，相关的管道系统要编号或命名。确保测试验证减灾系统的性能。

上面列出的注意事项，可能没有包含到所有的方面。在MI项目中，依照设备选择标准进行实际应用时出现的任何不一致之处都应该重新审视，并就实际情况应予纠正。

3.4 记录设备的选择

为了确保范设备选择范围能够被清楚地传达和理解，在MI方案中应包含的设备都应当记录在案。这个文件应包括设备标识符(例如，标签号)和设备名称，并可能包括其他与MI

方案相关的注释。MI 方案包含排除某设备的理由(即设备选择标准)也应该记录在案，以帮助企业保存。全面的文件记录也可以有助于向审核人员持续提供排除某些设备合理案例。

正如其他重要的文件，设备清单应保持是最新的。设备的添加、删除和重大的修改，应当通过变更管理或等效的程序跟踪，设备清单应包括在需要变更的文件内，并及时作更新。此外，当变更发生时，其他基于此设备列表的文件(例如，检验计划、QA 计划)也要及时作出更新。

3.5 设备选择的作用和职责

设备选择的作用和职责可以分配给各部门人员。通常情况下，作为一个跨专业多学科团队的一部分，维护、工程、安全、健康、环保和操作等部门的人员都要参与设备选择。表 3-1 给出设备选择过程中的作用和职责举例。虽然在表 3-1 中一些特定的信息在不同的工厂上有所不同，但一致的是为合适人员分配和沟通作用与职责的重要性。该矩阵指定作业人员相关任务，用“R”表示活动负责人，“A”表示责任方工作和决策的审批者，“S”表示支持责任方完成活动的人，“I”作为活动完成或延迟时所要通知的人。

表 3-1 设备选择作用与职责矩阵示例

活动	维护部门人员			生产部门人员		其他人员		
	维护经理	维护工程师	维护主管	区域总监	生产/工艺工程师	生产主管	PSM/MI 协调人	PHA 团队
确立选择标准								
• 审查项目目标	A	R	R		R		S	
• 确立所要遵循的规范	A	R	S	I	S	I	S	
• 在细节程度上达成共识	A	R	S		S		S	
• 文件选择标准	I	R	I	I	R	I	S	I
生成设备清单								
• 将标准用于设备清单和/或图纸		R			R		S	S
维护设备清单								
• 审查设备增加、删除和维修		R	S	I	S	I	S	

附录 3A MI 方案设备选择样本指南

本附录文件记录的是 XYZ 化学公司所建立的覆盖于 MI 方案中的设备选择标准。特别值得注意的是，非承压密封设备(例如，仪表)也包括该方案中。首先，所有含有化学品的设备(例如，容器、储罐、管道、泵)和泄压装置都包含在项目中。然后进一步确定含化学品设备的危害程度的优先次序(即以系统为单位)，可能会将一些不发生重要失效的设备排除在外。

紧急停车(ESD)系统全面覆盖于 XYZ 公司的 MI 方案中。为建立所包含的设备清单，

ESD 仅限于可以手动开动及与工艺远程隔离的停车装置。这些系统通常由控制室开关制动。在不满足以下其他标准的自动联锁装置不包括在内，即使联锁会导致过程的停止和/或 ESD 阀门闭合。

在一般情况下，XYZ 公司其他所有设备应用以下思路进行选择：

- 释放发生后，用于检测和/或减少释放的所有系统(例如，区域烃类检测器，喷淋系统，堤坝区)都包括在内。
- 可以检测出直接导致释放的偏差的任何设备(例如，一个带有放空阀的容器中的超高压报警装置)，且该设备的故障未公开，都应被包括在方案中。
- 设备用于检测过程中的偏差，该偏差可能会导致其他过程产生偏差(如容器中高温报警或高液位报警可能会引发高压报警)。但如果这个偏差在最后过程偏差产生释放之前(即，如上面所举例的高压报警)可以被检测到，那么该设备就不需要包含在项目中。
- 当没有可用于检测释放前最后一个过程偏差的设备时，那么检测形成原因的设备就要列入清单(例如，防止压缩机故障或单密封泵密封失效的保障措施)。

下列具体的情况是 XYZ 公司人员审查的结果：

- 火炬系统故障。用以确保至少一个级别的应对熄火和吹扫气体损失防护措施的 MI 活动应包含在 MI 方案中。
- 火炬系统中的液体。由于一些过程的故障，液体烃可以从火炬塔中释放出来。因此，可以检测到能引发这些情况的偏差的仪表，(例如，分离罐高级别报警火炬系统)都应纳入范围。对于其他的工艺过程区域，液态烃不可能从火炬塔中释放出来，相关的液位报警仪表就不包括在内。
- 泄放装置。连接释放到大气的设备上的所有高压报警/开关都应覆盖到。这包括第一释放路径是火炬系统，第二路径是大气的所有设备。如果没有高压检测设备可用，检测或防止导致高压产生的相关设备则要覆盖在内。
- 限制释放装置释放要求或由于其他安全原因(例如，反应釜的最大安全进料速率)限制流动的节流孔板都包括在内。请注意，在许多服役情况下，腐蚀和/或侵蚀这些孔是不可能的。
- 泵用机械密封件破裂(单密封烃泵)。以防止泵密封失效的设备需覆盖在内。
- 泵用机械密封件的破裂(双密封泵)。能提醒相关人员主密封失效的设备(例如，压力报警，密封剂系统级报警器)都包括在内。如果没有这些设备存在(或者，如果只是安装局部的指针)，这些泵就要被视为单密封泵。
- 过程联锁防止的直接释放。防止无意直接向大气释放工艺原料的联锁(例如，打开反应釜截止阀和转储箱排水阀)应覆盖在内。
- 过程物料的反向流动进入公用系统或大气。对可信的、危险的物料反向流动提供主要防御功能的止回阀、倒流防止器和压力调节器都应包含在 MI 项目中。
- 加工区粉尘爆炸和/或挥发性烃类的可燃浓度。针对这些情况下的保障，包括在几个装置中的氮气保护和加工区的空气吹扫系统。检测这些系统损失的设备(例如，压力报警、流量报警、分析仪)需要被纳入到 MI 方案中。XYZ 公司也依赖于管理控制(例如，实验室分析)预防/检测可燃浓度情况。

- 在单体容器内形成聚合物。用于以防止接向泄压装置的喷嘴堵塞的系统和仪表回路(例如，氮吹扫)需要纳入方案中。
- 与泊船和轨道车装卸作业相关的释放。要定期验证软管完整性。
- 超量装载的储罐(没有泄放装置)。用来帮助防止危险材料溢出的仪表应包括在MI方案中。
- 过程电机故障。在一般情况下，电机等驱动设备只有在驱动设备功能对过程安全构成重要影响的情况下才被纳入到在MI方案中(没有识别具体的驱动设备)。注意：许多电机因可靠性方面的原因将被纳入检查计划中。
- 用于控制危险粉尘浓度的建筑物通风系统应包含在MI方案中，如易燃、易爆、有毒有害物料。此外，建筑物本身的特征(如，有助于确保正压的密封圈)必要时也要包括在MI方案中。
- 热反应和化学分解，导致容器温度高于容器的温度额定值。这些系统中用以帮助检测和/或防止这些事件发生的联锁和报警应包括在MI方案中。
- 工艺设备中水和其他化学品的冻结。一般情况下，防冻设计的热追踪系统应包括在MI方案中。
- 有助于防止失控反应(例如，存放热敏感材料的单体储罐)的冷却系统，包括追踪系统，应包括在MI方案中。
- 压缩机故障。用来保护压缩机的系统和仪表回路(例如，高、低压仪表，高温仪表，蓄电池中的高液位仪表，振动仪器，润滑油系统和相关的工具、中冷器，分离罐和除液系统)都应包含在的MI方案中。
- 由于低液位导致工艺物料进入废水系统或者液体进入到火炬系统。与之相关的界面液位仪表应包含在MI方案中。
- 已知的造成火炬管线堵塞的情形(例如聚合物的形成)。用以防止泄压装置通风横管堵塞的系统和仪表回路(例如，过程容器液位仪表，氮气吹扫系统，排液系统，通风横管压力监测仪器)应包括在MI项目中。
- 泄压阀下方爆破片破裂故障。用于检测爆破片泄漏或爆裂的系统和仪表应包含在MI方案中。
- 反应釜故障。防止失控反应的系统和仪表(例如，阻聚剂或抑制剂喷射系统，转储系统，淬火系统，压力通风系统)应包含在MI方案中。
- 容器(例如密封罐)中下游泄压阀的高液位。用来维持或监控密封罐中液位的系统和仪表，以及用来防止密封罐满溢的系统和仪表，都应被包括在MI方案中。
- 公用工程的失效。公用工程系统的安全保障应包含于MI方案中，包括低压报警器、空气干燥器、紧急照明面板和确认备用系统运行正常的指示灯。应急公用工程系统(如电力供应，仪表空气供应，应急冷却系统)也应被包括在MI方案中。所有各应急系统的零件和仪器都应被包括在MI方案中。
- 在高压/低压接口点的控制阀。阀门的完整性，以及控制管阀位置的逻辑操作，均应包含在MI方案中。
- 换热器。当管子泄漏导致不良后果时，换热器管束应包含在MI方案中。
- 用来增强所覆盖的仪表回路可靠性的系统，如化学密封件，仪表柜气吹扫等，应包含在 MI 方案中。

- MI 方案中需要考虑的其他各种设备：

- 用于控制厂房和其他在用工艺建筑物的防爆墙，掩体，路障，抗爆门；
- 用于将工艺设备与车辆隔开的屏障；
- 承载工艺管道的管廊，包括弹簧吊架和其他支撑物；
- 限流阀；
- 钢结构；
- 用于结构钢材和工艺过程容器的防火保温结构；
- 设计用于检测热量、可燃蒸气或有毒蒸气的仪表；
- 排气处理系统，如火炬、洗涤塔、热氧化器；
- 应急响应设备，包括救护车，消防车，自给式呼吸器(SCBA)，对讲机和救援设备；
- 便携式氧气和可燃气体测量仪；
- 测试和检验测试设备；
- 起重机等起重设备；
- 储罐内部(例如，加热或冷却盘管，搅拌挡板，稳定轴承，顶板支护)；
- 工艺污水系统，包括液体密封，净化系统和污水通风系统；
- 泄压管路上的阀门，包括三通阀组件和排水沟；
- 泄压装置垂直通风口上放置的风向标；
- 没有泄压装置的管道上的液体膨胀瓶，包括爆破片和伴热；
- 惰性系统及相关仪表；
- 仪表、区域报警、公共广播系统和通信系统的 UPS 系统；
- 针对可能存在潜在热点(如轴承部位)的固体工艺设备的高温监测和联锁仪表；
- 电气接地和连接系统。

4

检查、测试和预防性维修

设备完整性(MI)方案的范围确定后，往往将重点放在检查、测试和预防性维修(ITPM)方案的制定和实施环节，(注：ITPM 中的预防性维修包括所有认为不属于检查或测试范围的主动维修，也包括用于预防或预测 MI 方案中设备失效的主动维修。还要注意的是，预防性维修[PM]不意味着将每个任务传统地看作是 MI 中包含的 PM 任务。只有用来避免利益损失[如有害物料密封损失]的 PM 任务才能列在 ITPM 项目中)在很多方面，ITPM 是 MI 方案的核心，其目标是识别和开展维修任务以确保设备的持续完整性。这样的做法为工厂提供了摆脱“事后”维修理念(参考文献 4-1)、引入更具前瞻性的保持设备完整性理念的机会。本章对 ITPM 的制定和实施涉及以下两个阶段：

(1) ITPM 任务计划：本阶段的活动包括为保证设备的持续完整性和任务执行频率所必须的 ITPM 任务确定和记录。然后，将各项任务转化为计划表。(注：ITPM 任务是为保证设备的持续完整性而按一定时间间隔进行的检查、测试或预防性维修。)

(2) 任务的执行与监控：当由有资质人员按照计划表执行任务时，该计划即成为事实。为帮助实现该目标，ITPM 方案需要确保制定流程，从而对计划、工作成效，以及方案整体绩效进行监控。

这些活动的成果是有助于确保设备完整性的主动维修方案。此外，任务计划和结果的连续监控为任务的优化提供了条件。

许多组织发现 ITPM 方案包含与可靠性方案中类似的维修管理活动(例如，ITPM 计划表的制定和管理)和主动维修任务。MI 方案通常关注保障安全和保护环境的设备完整性问题。而可靠性方案同样关注为了保证经营业绩的设备完整性问题(例如，减少运行过程中的停工时间)。两者一起使用时，这些方案实施维修管理活动和主动维修任务，从而在达到在设备故障产生影响前对其实施检测、预防和管理。因此，用于制定和实施 ITPM 项目的理念和过程，也可以用于实施和/或提升可靠性方案性。

4.1 ITPM 任务计划

为了制订 ITPM 方案，工厂人员通常要明确并记录 ITPM 任务，然后为每一个经常性任务制定时间表。本书指的是经常性任务的清单及作为 ITPM 计划的相关计划表，本计划的关键特性主要有以下几个方面：

- 包括 MI 方案范围内的所有设备的经常性 ITPM 任务；
- 明确每个 ITPM 任务和相应间隔的基本原则；
- 提供与程序和其他必需的参考资料的联系(例如，原始设备制造商[OEM]手册)；
- 明确每个 ITPM 的验收标准。

为制定满足上述特性的 ITPM 计划，要详细了解下列活动和考虑事项，即：

- ITPM 任务的选择；
- 采样标准的制定；
- 其他 ITPM 计划的考虑事项；
- ITPM 任务时间表的确定。

4.1.1 ITPM 任务的选择

制订 ITPM 计划首先要选择经常性的 ITPM 任务。任务选择过程必须包含 MI 范围内的每台设备。图 4-1 列出了选择 ITPM 任务的 5 个步骤。

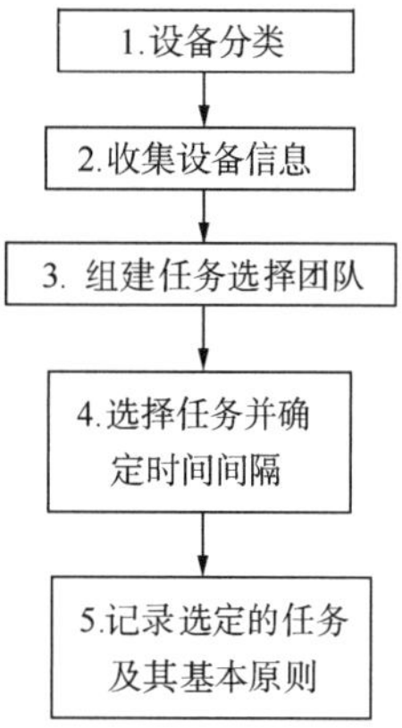

1.设备分类
2.收集设备信息
3. 组建任务选择团队
4.选择任务并确定时间间隔
5.记录选定的任务及其基本原则

图 4-1 ITPM 任务选择过程

步骤 1-设备分类。由于可以对每个设备进行 ITPM 任务选择，因此将设备进行分类（例如：压力容器、离心泵等）可以减少选择任务的时间，并有助于方案一致性。设备分类所遵循的理念是所选的 ITPM 任务应适用于该类型中的所有设备。在设备分类过程中，人员必须确保识别出特有的设备和/或处于不同服役环境的设备（如不同的化学品、高压），保证不同 ITPM 任务和间隔的同时将其划入子类中。此外，特殊情况下，如特殊的问题设备，可能需要在 ITPM 计划中单独处理。

设备分类有以下额外的好处：

- 可能需要更少的程序。有的法规要求每个 ITPM 任务需建立一个程序。采用设备分类的方法，通常对每个任务按照设备分类建立程序，而不是针对设备分类中的每个条目建立。第 6 章详细讨论了需要建立什么样的程序问题。
- 改善 ITPM 任务职责的制定和沟通。基于设备分类的 ITPM 计划通常对每类设备的任务记录职责。
- 所增加的设备在选择 ITPM 任务及间隔的一致性。当新增工艺和设备时，基于设备分类的 ITPM 计划使得其 ITPM 任务及间隔的确定更加简单。
- 针对监管人员和审核人员的 ITPM 文件记录更加高效。在对 MI 项目审核的早期阶段，监管人员/审核人员通常需要关于 ITPM 任务和间隔的信息。基于设备分类的 ITPM 计划简明地提供了这些信息。

步骤 2-收集设备信息。为了有效地选择 ITPM 任务和间隔，应在任务选择前收集设备及其运行情况的信息，主要有：

- 工程数据，例如设计说明和竣工图；
- 运行数据，例如包含运行参数和运行限值表的程序文件；
- 维修和检验的历史数据，包括当前的 ITPM 任务和时间表以及检查和维修历史；
- 可提供预期故障类型及其影响的相关信息的安全和可靠性分析（例如工艺危害分析、以可靠性为中心的维修[RCM]分析），这些分析也可以用来识别重要防护设备（例如报警，联锁，应急响应，关键公用工程）；
- 适用于设备的被认可和普遍接受的良好的工程实践（RAGAGEP），特别是指定 ITPM 任务和间隔的工程实践；
- 适用法规/司法要求；

- 适用于现场或公司的环境、健康与安全政策；
- OEM 手册；
- 如果 ITPM 任务选择和/或间隔的确定是基于风险的，那么需要基于风险的分析。这样的分析包括定量风险评估、保护层分析（LOPA）和基于风险的检验（RBI）研究等。ITPM 任务选择过程的第 4 步和第 11 章包含额外的基于风险的 ITPM 任务选择过程和适用的风险分析技术。

上述的一些信息针对特定设备，并通常保存在工厂的设备文件中，表 4-1 提供了各类设备的设备文件中包含的信息清单，从而为 MI（包括 ITPM）方案提供所需的适当信息。在选择任务时，通常要考虑以下几方面的设备信息：

- 识别需考虑的 RAGAGEP；
- 提供已知或潜在损伤机理的信息；
- 识别候选 ITPM 任务；
- 提供法规/司法和/或现场或公司的 ITPM 要求。

另外，设备信息可协助一下 ITPM 活动：

- 制定验收标准，常通过参考特定设备文件的信息制定（例如腐蚀余度）（见 4.2.1 节中有关验收标准的其他信息）；
- 为 ITPM 任务的执行做好准备（见第 4.2.2 节中 ITPM 任务执行期间需要的其他设备信息）。

表 4-1 所选设备类型及其文件信息

设备类型	设计和建造资料（参考文献 4-3）	运行历史记录	ITPM 历史	供应商提供的资料
压力容器和常压储罐	• 设计说明书 • 设计规范 • 建造材料 • 腐蚀余度	• 所用流体 • 使用类型（例如连续、间歇、无规律） • 容器/储罐历史（例如改造、修理日期） • 运行参数 • 温度/压力偏离 • 故障和维修历史	• 开展的检查 • 使用的检查技术 • 检验员资质 • 检查结果	• 数据报告（例如 U-1 表格、API 650 表格） • 建造类型 • 拓印/影印的代码铭牌 • 竣工图
管道	• 管道说明书 • 设计规范 • 腐蚀余度 • 焊工资质 • 管道和仪表流程图（PID）和工艺流程图（PFD）	• 所用流体 • 使用类型（例如连续、间歇、无规律） • 运行参数 • 温度/压力偏离 • 故障和维修历史	• 回路定义和测厚部位（TML），常用单线图（等距图） • 开展的检查 • 使用的检查技术 • 检验员资质 • 检查结果	• 系统部件的设备手册（例如过滤器，阀门）
泄放装置	• 设计说明书 • 泄压设计原则和计算 • 建造材料 • PID 和 PFD 图	• 所用流体 • 故障和维修历史	• 开展的检查和测试情况 • 检查和测试结果 • 检测机构认证/资格	• 设备手册 • 制造数据报告 • 拓印/影印的代码铭牌

续表

设备类型	设计和建造资料（参考文献 4-3）	运行历史记录	ITPM 历史	供应商提供的资料
转动设备	• 设备说明书 • 建造材料 • 密封结构和数据	• 所用流体 • 使用类型（例如连续、间歇、无规律） • 润滑剂类型 • 运行参数 • 温度/压力偏离 • 故障和维修历史	• 开展的检查和 PM 情况 • 检查和 PM 结果	• 设备手册 • 制造数据报告（例如 API610 表格） • 性能测试报告（例如压力曲线） • 推荐的配件清单 • 竣工图
仪表	• 仪表说明书 • 建造材料 • 线路图 • 逻辑图 • 所需的安全完整性等级（SIL）和安全要求说明	• 腐蚀或结垢情况 • 故障和维修历史	• 开展的测试（例如校验） • 测试结果	• 仪表手册 • 出厂校验报告
电气设备	• 设备说明书 • 线路图 • 过流保护信息 • 逻辑图（例如冗余电源切换逻辑）	• 故障和维修历史	• 开展的测试（例如红外分析、变压器油分析） • 测试结果	• 设备手册 • 竣工图

步骤 3-组建 ITPM 任务选择小组。为了拓宽选择任务所需的知识，有必要组建多学科小组，小组的主要人员包括：

- 工程人员，提供设备设计、适用规范、标准和推荐作法的相关知识。
- 操作人员，提供设备操作和故障历史的相关知识。另外，参与任务选择过程的操作，有助于促进 ITPM 计划的采购，这对任务执行过程是有利的。
- 维修人员，提供目前维修手段和维修历史的相关知识。
- 检查人员，提供检查和测试规范、标准、推荐做法、潜在损伤机理和检查历史的相关知识。
- 可靠性和维修工程师，提供检查、PM、潜在损伤机理和设备历史的相关知识。
- 腐蚀工程师，提供腐蚀和其他损伤机理（例如应力开裂）、腐蚀防护和监测技术的相关知识。
- 工艺工程师，提供设备设计和操作、设备历史、适用的规范、标准和建议做法的相关知识。
- 检查和维修承包商，如果工厂管理人员计划使用外部承包商进行检查和无损检测（NDT）任务，包括对团队内的承包商代表都是有益的。
- 设备制造商和供应商的学科专家（SME），当选择 ITPM 任务时，这些人员对授权过程和新设备特别有帮助，因为当工厂人员缺乏相应经验时，他们可在过程和设备操作及维修方面提供有价值的知识。

步骤 4-选择 ITPM 任务和确定间隔。在选择 ITPM 任务时，应考虑要处理的故障类型

(如常见腐蚀、仪表关断系统失效)和检测和防止故障的最佳方法(和最有效的任务)。可能需要考虑很多故障的情况,但是,选择过程可以按照使用危险化学品的大多数过程情况简化,最需要解决的故障模式有:

- 防止密封损失;
- 预防或发现重要控制功能、安全系统(例如,报警、联锁)、应急响应设备和关键公用工程的损失;
- 防止不必要的停工和开工给过程带来的危险。

此外,需要对特定的失效/损伤机理进行识别(如局部腐蚀、磨损、信号失真)以确保选择合理的ITPM任务和间隔。对于承压设备尤其如此,如压力容器、储罐、中间罐、管道等。下面列出了承压设备常见的部分失效/损伤机理(参考文献4-3):

- 机械载荷失效,例如韧性断裂、脆性断裂、机械疲劳、弯曲;
- 磨损,如磨料磨损、粘着磨损、微动磨损;
- 腐蚀,如均匀腐蚀、局部腐蚀和点蚀;
- 与热相关的失效,如蠕变、金相组织劣化和热疲劳;
- 开裂,如应力开裂;
- 脆化。

美国石油学会(API)推荐作法(RP)571《炼油工业固定设备损伤机理》,提出了固定设备损伤机理的其他信息。

应明确管理每个已识别的失效的最好方法,一般情况下,失效可通过ITPM任务管理:

- 检测可能失效状况的开始(如裂纹、泵的过度振动);
- 评估设备状态(如基于腐蚀速率的剩余寿命、仪器的精确性);
- 预防过早失效(如更换压缩机磨损件、更换泵的润滑油);
- 发现隐藏的故障(如紧急停车[ESD]系统操作验证、联锁情况确认、备用供电系统操作验证)。

在确定了管理每种故障的管理失效的理想方法后,就可确定所需的任务类型。一般来说,任务分为以下三类:

(1) 检查任务,检测失效状况的开始(如容器器壁开裂)和/或评估设备部件的状态(如容器壁厚);

(2) 测试任务,包括预防性维修,评估设备状态(如仪器读数偏移、泵的振动)和检测隐藏的失效(如停车系统的功能测试);

(3) PM任务,防止设备过早失效,通过(1)提高设备的固有可靠性(如泵的润滑),或(2)通过更换全部或部分组件/零件恢复设备的可靠性(如在压缩机失去功能前进行重新组装)。

一旦任务的理想类型确定(如检查、测试和/或PM),即可发动各方资源协助选择具体任务。一般而言,要用到以下资源:

- 检验规范,标准,和推荐做法;
- 制造厂家的建议;
- 专业组织或贸易团体的指导;
- 保险公司的建议;

- 所考虑设备内部历史；
- 通用的行业惯例(例如：旋转设备的振动分析)；
- 环境，健康，安全方面的建议；
- 风险分析建议。

本章的最后附录 4A 包括了一份常见的预防性维修和 NDT 任务的简要说明书。此外，API RP 571 中也含有多种固定设备常见的损伤机理以及检查和监测技术的信息(例如储罐、管道、容器)。这些信息可以帮助 ITPM 小组确定合理的 ITPM 任务。

小组成员应保证选择的每一项任务解决针对预防的各类故障。此外，小组成员应核实所选的 ITPM 规范、标准和推荐做法与适用的设计规范和标准保持一致(如 API 510 的活动适用于美国机械工程师学会[ASME]规范-压力容器)。对于某些设备(如专用设备和不受 RAGAGEP 管理的设备)，OEM 手册会列出 ITPM 建议。对于有些设备，小组可能需要决定设备的检查和更换是否可取。同时，小组也应明确指出被动维修可能是管理潜在故障的可接受的做法，第 4.1.3 节提供了这些问题的更多信息。

为了最终确定 ITPM 任务选择，小组应确定是否需要更改目前的 ITPM 任务和/或频率，或者在没有可用于解决失效影响的任务时是否需要增加新的 ITPM 任务。表 4-2 是为决策提供指南的决策矩阵。

表 4-2　ITPM 任务选择决策矩阵举例

项　目	运行情况良好，并记录完善	运行中出现过的问题	没有足够的操作数据或可用的文档
如果现有做法(1)符合规范、标准、推荐做法、制造商建议等，并且(2)解决了预期失效机理/模式	• 记录 ITPM 计划中的现有做法并参照适用的规范、标准、推荐做法、制造商建议等	• 审查设备及运行情况，以确定 ITPM 计划中的任务充分解决失效机理/模式。 • 考虑是否需要更严格的 ITPM	• 记录 ITPM 计划中的现有做法并参照适用的规范、标准、推荐做法、制造商建议等 • 在可能的情况下，识别需收集和记录的数据以验证现有的 ITPM 任务选择
如果现有做法(1)符合规范、标准、推荐做法、制造商建议等，但(2)未解决预期的失效机理/模式	• 审查设备及运行情况以确定未解决的失效机理/模式是否重要 • 考虑更严格的 ITPM 是否适当。否则，记录现有做法并参照适用的规范、标准、推荐做法、制造商建议等	• 审查设备及运行情况，以识别没有解决的所有失效机理/模式 • 确定所需的 ITPM 以解决全部失效机理/模式	• 审查设备及运行情况，以识别没有解决的所有失效机理/模式 • 确定需要解决全部失效机理/模式的 ITPM。否则，记录现有做法并参照的适用规范、标准、推荐做法、制造商建议等 • 确保采取的措施(如程序修改)改进现有的记录做法
如果现有做法(1)不符合规范、标准、推荐做法、制造商建议等，但(2)解决了预期的失效机理/模式	• 记录 ITPM 计划中的现有做法，并对与规范、标准、推荐做法、制造商建议等的任何不同之处给出原因解释 • 确保记录文件可以支持所做的决定	• 审查设备及运行情况，以识别没有解决的所有失效机理/模式 • 确定所需的 ITPM 以解决全部失效机理/模式	• 考虑提升现有做法以满足规范、标准、推荐做法、制造商建议等的要求 • 确保采取的措施(如程序修改)改进现有的记录做法

续表

项　　目	运行情况良好，并记录完善	运行中出现过的问题	没有足够的操作数据或可用的文档
如果现有做法(1)不符合规范、标准、推荐做法、制造商建议等，并且(2)未解决预期的失效机理/模式	• 审查设备及运行情况以确定未解决的失效机理/模式是否重要 • 考虑更严格的 ITPM 是否适当。否则，记录现有做法并参照适用的规范、标准、推荐做法、制造商建议等 • 确保记录文件可以支持所做的决定	• 审查设备及运行情况，以识别没有解决的全部失效机理/模式 • 确定所需的 ITPM 以解决全部失效机理/模式 • 考虑提升现有做法以满足规范、标准、推荐做法、制造商建议等的要求	• 审查设备及运行情况，以识别没有解决的全部失效机理/模式 • 考虑提升现有做法以满足规范、标准、推荐做法、制造商建议等的要求
如果没有可用的公认规范、标准、推荐做法、制造商建议等	• 记录 ITPM 计划中的现有做法，并囊括“运行表现历史记录”说明作为该做法的理论依据	• 考虑设备失效的后果。如果后果严重，则联系供应商、化学品供应商、其他用户等寻求建议	• 考虑设备失效的后果。如果后果严重，则联系供应商、化学品供应商、其他用户等寻求建议

一旦选定任务，应确定合理的任务间隔(注：任务间隔指后续任务执行之间的时间段)。对于一些任务(特别是新任务)，其间隔可以被看作是建立持续性任务间隔的起始点(如果任务需要持续进行的话)。其他因素，例如设备的运行和维护历史记录，常常决定了持续的间隔。这些因素因不同的设备类型会稍有差异，但是一般可以用于深入理解以下内容：

- 下次 ITPM 任务前设备失效的概率；
- ITPM 任务检测出的设备故障模式影响的概率；
- 设备失效的后果。

例如，检查压力容器、储罐、管道的任务间隔会受到以下因素的影响：

- 设备使用年限；
- 所处理的物料；
- 工艺条件(例如：压力、温度)；
- 建造材料；
- 设备可能的损伤机理类型(例如：一般腐蚀，局部腐蚀，应力腐蚀开裂)；
- 损坏/劣化速度(例如：腐蚀速率)；
- 检查/维修历史记录；
- 所用检查/测试技术的类型，包括这些技术对损伤检测和损失量化的有效性；
- 设备目前状况；
- 规范和法律要求。

此外，很多 RAGAGEP 提供了这些因素及其如何影响任务间隔的信息和指导。表 4-3 提供了泄压装置、仪表和转动设备在建立任务频率时应考虑的某些因素。

表 4-3 影响泄压装置、仪表和转动设备因素

泄压装置	仪 表	转动设备
• 装置类型 • 泄压设计案例 • 工艺条件 • 易堵性 • 测试/维护历史记录	• 仪表类型(例如：压力、液位) • 老式仪表(例如：气动、电动) • 使用的测量技术(如雷达液位检测) • 工艺条件 • 环境条件(如室外安装) • 测试类型 • 测试/维护历史记录 • 期望的运行状况(如：安全仪表系统的 SIL[SIS])	• 转动设备类型 • 使用年限 • 密封类型(如：机械密封、填料密封) • 工艺条件 • 开展的 ITPM 类型 • 测试/维护历史记录

当任务执行频次少于规范、标准、推荐做法、制造厂建议和行业一般做法所要求的次数时，很难解释其合理性。作出任务执行频次较少的决策需要根据操作经验和可用文件的层次决定，从而证明其差别(注：当任务间隔仅根据运行历史记录时应谨慎，因为历史数据可能无法提供令人满意的低频/高后果失效的说明)。此外，表 4-2 中的决策矩阵适用于这种决策。

除了工厂维护的设备外，ITPM 计划应包括属于 MI 方案范围内的自有设备和外部公司负责维护的设备(如氮气储存和供应系统)。为制订这部分 ITPM 计划，可让设备所有者的代表提供必要的信息。ITPM 计划应清楚地记录哪个组织负责这些 ITPM 的实施(如工厂员工或设备业主)。

第 9 章提供了具体设备类型 ITPM 任务和间隔的详细信息。很多公司使用基于风险的方法确定 ITPM 任务和间隔，例如：(1)RBI 评估确定承压设备检验任务的类型和频次(如容器、储罐、管道)；(2)RCM 分析确定动设备的 ITPM 类型和频率(如泵、控制器、压缩机)；(3)LOPA 及类似分析技术用于确定期望运行状况(安全完整性等级)；和/或(4)故障分析(如故障树分析[FTA]、马尔可夫模型、简化方程)确定安全仪表功能(SIF)的测试频率(如停车、联锁)。这些方法都集中在识别可能导致损失的事件、了解每个损失事件的风险和确定 ITPM 任务，以更有效地对风险进行管理。这些方法在第 11 章中有更详细的讨论。

步骤 5-记录选定的任务及其基本原则。最后，已选的任务应记录在 ITPM 计划中。选择每个任务的基本原则也应包含于 ITPM 计划中。一般而言，基本原则(如理论依据)是：(1)某项具体的规范、标准或推荐做法；(2)制造厂商的建议；(3)行业做法；和/或(4)设备的运行历史情况和/或保养做法。计划的相关文件可以表格的形式在工厂的 MI 方案文件和/或工厂的计算机维护管理系统中列出。表 4-4 提供了表格样例。

表 4-4 ITPM 计划表格格式举例

设备种类	需要的活动	间隔/频次	基本原则	程序	指定部门	备 注
压力容器	目视检查	每日	运行情况历史	MI-1	车间	操作员在例行巡检中完成；记录缺陷；未识别缺陷的检查则不予记录
	外部检查	5 年或剩余寿命一半(选择最小者)	API510	MI-2	MI 部门	目视检查和测厚
	内部检查	10 年或剩余寿命一半(选择最小者)	API510	MI-2	MI 部门	目视检查和测厚

续表

设备种类	需要的活动	间隔/频次	基本原则	程序	指定部门	备　注
压力传感器，包括报警和联锁	目视检查	每周	运行情况历史	MI-1	车间	操作员在例行巡检中完成；如果管道疑似泄漏，则对压差进行监控；未识别缺陷的检查则不予记录
	传感器校验	每年	行业做法	MI-3	电气和仪表(E&I)部门	
	报警器和联锁操作的功能测试	2年一次	行业做法	MI-4	E&I部门	

4.1.2 制定抽样标准

ITPM任务计划编制的另一个要素是抽样的应用，特别对检查、无损检测和状态检测任务。对于无损检测和状态监测任务而言，抽样用来确定有代表性的样品点的具体部位和数量。如前所述，检查和状态监测任务的重点在于检测失效和/或评估设备状况。这些任务的本质和所用典型设备的规模规定了抽样是为了评估设备的完整性。

NDT抽样点的部位和数目或状态监测位置(参考文献4-5)可根据以下几个因素确定，如：

- 失效后果。具有较高潜在安全或环境失效后果需要更多取样点。
- 预期的劣化速度(如腐蚀率)。一般而言，劣化速度较快(或比预想的速度快)的情况需要更多取样点。
- 存在局部劣化。有较高局部劣化潜在可能需要更多取样点。
- 设备结构。例如，弯头、三通、注入点较多的管线回路需要更多取样点。
- 异常损坏机理的可能性。一般而言，有异常损坏可能的设备(如保温层下腐蚀)需要更多取样点。

RAGAGEP为确定抽样数目和部位提供了指导，例如，API 570和API RP 574为管道检查测厚点的部位和数目提供指南(参考文献4-5和参考文献4-6)。另外，一些RBI方法中含有的数据统计技术，可以用来确定和说明(在数据分析中)取样点的数目。

4.1.3 ITPM任务计划需要考虑的其他事项

除了确定任务选择和频次外，ITPM任务选择小组还要确定其他内容。尤其需要确定：(1)哪些ITPM任务由操作人员执行效果最好(而不是维护人员)；(2)执行ITPM任务与定期更换设备的价值比较；(3)哪些设备适合被动维修。

操作人员执行任务。一些ITPM任务最好由操作人员来完成。有些任务是操作员本身的工作，在ITPM计划前已经就位，包括：(1)操作人员巡检期间执行的目视检查；(2)泵密封防泄漏的常规检查；(3)润滑油液位检查；(4)听异常声音；(5)正常操作时也需要开展的紧急切断阀的功能性测试。此外，ITPM任务中可能包括由操作人员完成的其他活动。根据具体工厂文化的不同，这些活动可能包括设备的常规润滑、阀门填料上紧、更换所选设备的机油。这些活动是 MI 方案中的重要要素，且 ITPM 计划应包含这些内容并能反映出将其分配给了具体操作人员。

检查还是更换？ITPM 选择小组还应按照常规准则决定是否进行检查、测试还是直接更换设备。通常来讲，只考虑对相对便宜的设备进行更换(如压力表、小泄放阀、小的化学计量泵)。对于某些设备，在决定时需要考虑失效的风险以及经济性。在更换前考虑失效的风险时，以下内容可能比较重要：

- 能否预测失效时间，以便于决定合适的更换时间(在几乎不可能失效前)？
- 设备失效的后果是否可以接受？
- 如果后果不可接受，是否有成本效益检查和/测试可有助于诊断失效的产生？
- 质量保证(QA)做法是否已就位，从而能帮助确保更换设备时不增加工厂的风险(如采购不当或安装不当的结果)。

回答这些问题不一定需要做深入的分析，但是，考虑对安全和环境以及经济造成的潜在影响非常重要。

被动维修？ITPM 任务计划时另一个要考虑的是何时将被动维修作为适当的策略。为了主动管理失效和区分被动维修与事后维修，需要解决几个方面。具体的说，设备管理应实现失效的主动性管理，通过确保：(1)有备件；(2)OEM 手册和修理程序可用；(3)为实施维修开展适当的培训。

在决定采用被动维修策略时应慎重，且决策应依据已建立的准则。可以使用的准则应包括：

- 失效后果不会对安全、环境或操作产生重大的影响；
- 失效发生后有可继续运行的方案(如获得标准的临时运行程序)；
- 故障修复的费用低于 ITPM 任务用于预防故障的费用；
- 故障的优先级低至不能保证 ITPM 能够获得所需资源(当与高风险失效执行 ITPM 任务所需资源相比)。

对于这些问题评价结果的反应应做好记录，此外，工厂人员还应审查任何支持性的工艺安全文件(如工艺危险性分析[PHA])，以保证这些文件与被动维修策略相符合。

4.1.4 ITPM 任务安排

一旦制订好 ITPM 计划，应将其转换成可执行的计划表。计划表的目的是根据相关因素将 ITPM 任务进一步分解成可行性更强的工作包，包括设备的可用性和资源等。为了管理和维持计划任务，工厂人员应将计划纳入 MI 方案。

计划安排的基本要素可通过综合设备列表和 ITPM 计划的信息获得例如，如果 ITPM 计划要求压力容器外部目视检查每 5 年 1 次，且设备列表中含有 5 个压力容器，那么计划表应包括每 5 年对 5 个压力容器中每一个的进行一个外部目视检查。而后此类信息可被转化入基于时间的计划表中。

当有许多工具(如 CMMS)和计划编制技术可有助于组织制定 ITPM 任务的计划表时，人员在制订计划表的过程中应考虑几个必要因素。对于大部分 ITPM 任务，有三种主要的因素要考虑：

- 设备的可用性。对于一些 ITPM 任务，可能需要设备、工艺和/或整个工厂停车一段时间来完成该任务。通常，要求将 ITPM 安排在工厂既定停车的时间内进行(为了达到 ITPM 要求的频次，可能需要调整停车时间)。

- 人员的可用性。有时，计划表受到以下限制：(1)规定时间内完成任务所需的人员数；和/或(2)执行该任务所需经过培训或具备资质的人员的可用性。
- 备件和维修物料的可用性。对于涉及到设备重建的任务，备件和维修物料的可用性必须考虑。

对于大部分工厂，任务可以通过以下方式安排：(1)作为“重复性工单”输入到 CMMS；和/或(2)将任务编组(如润滑油路)。此外，分配给操作人员的任务应整合到操作员的日常工作和工作流程中。

4.2 任务执行和跟踪

在确定了 ITPM 计划和时间安排后，为了确保完成 ITPM 方案的成功，还应注意几个因素：

- 制定验收标准；
- 设备文件和 ITPM 任务结果文件；
- ITPM 任务执行与实施；
- 任务进度管理；
- ITPM 方案监控。

其他考虑事项包括人员培训的实施和 ITPM 方案的支持性程序。这些主题在第 5 章和第 6 章中详细表述。

4.2.1 确定验收标准

验收标准提供了评估设备完整性的必要信息，以帮助确保必要时是否采取纠正措施。验收标准也定义了具体 ITPM 活动的限定条件。

标准可以定性或定量表示。定性表示的例子如“没有缺失或无弯曲的管架”。定量表示的例子如“壁厚减薄小于规定的腐蚀余度 0.125in.”。第 8 章提供了关于验收标准制定和使用的其他信息。

4.2.2 设备文件和 ITPM 结果文件

ITPM 方案的其他必要组成部分是适当的文件和文件管理系统。一般而言，需要两种文件：(1)设备文件；(2)ITPM 任务结果文件。

设备文件。一些用于任务选择的相同的设备信息在 ITPM 任务执行时也会用到。例如，ITPM 任务的执行人员应审查设备文件夹中的相关信息。查看的信息包括：(1)ITPM 历史情况；(2)设备详细资料(如需要检查的具体部件)；(3)TIPM 任务的详细信息(如 TML、检查技术)；(4)验收标准。审查这些具体的设备信息有助于确保(1)任务期间对任何可疑区域进行彻底检查；(2)了解与检查相关的细节(如检查技术、抽样标准)；(3)检查执行的连贯性(如，同一个部位的测厚值)。

ITPM 任务结果文件。ITPM 结果是第二类文件，此文件作为执行任务的一个部分产生。

对大部分 ITPM 任务，应完成一项记录一次，与实施该任务的组织/部门无关。记录的任务结果提供了以下内容的必要信息：(1)确定设备完整性和识别设备缺陷；(2)实施用于调整任务频率的评估；(3)发现可能有助于预测失效的倾向。

此外，对 ITPM 任务进行记录可以为监管人员和审核人员提供查看任务是否由有资质的人员按计划完成的证据。结果文件的内容因 ITPM 任务的不同会有一些差异，一些最低文件要求(参考文献 4-1)包括：

- 设备标识，如设备编号，序列号或设备位号；
- 执行 ITPM 任务的时间；
- 执行 ITPM 任务的人员姓名；
- 执行 ITPM 任务的描述(如磁粉探伤、超声波测厚、射线探伤、更换叶轮等)；
- ITPM 任务结果。

为了 MI 项目更加有效，生产单元需要记录更多信息，常与任务种类(如检查、测试或 PM)和设备类型有关，结果文件中应包含的信息举例如下：

- 设备的适于使用性评估；
- 使用的材料或备件；
- 与任务相关的 QA 记录(如对更换部分建造材料的核实确认)；
- 执行任务的人员资格记录(如 API 510 检查员资格记录)；
- 与任务有关的详细数据(超声波测厚[UT]数据、振动光谱、储罐或容器内部的照片等)，特别是可为下次任务提供参考的数据；
- 已确定的设备缺陷；
- 建议的改正措施；
- 剩余寿命计算(或类似的计算和评估)；
- 计划的下次任务时间。

然而，对于一些指定的 ITPM 任务，可能会有 ITPM 任务结果文件做法的例外情况。通常而言，对于这些任务，结果管理最好通过仅记录异常结果的方式(如例外情况记录)。例外情况记录应谨慎使用，且使用途径应在 ITPM 计划中明确表明(参考文献 4-7)。此方法最好用于：

- 时间间隔很短的任务(如每天或每周)；
- 确定设备的完整性不需要数据趋势情况；
- 确定检查要求不需要历史数据的情况；
- 有适当的控制或审核机制可以确保任务按计划执行。

记录任务结果的方法和格式会有不同。可以采用电子版也可以纸质记录。很多时候会使用纸质文件：(1)向计算机系统输入信息不划算；(2)没有可用的管理结果数据的计算机系统。例如，工厂缺乏专门管理检测数据的软件，而需向 CMMS 中手动输入测厚数据导致成本很高。幸运的是，一些检测软件程序(如管理数据的程序)变得更加经济和常用。关于 CMMS 和其他软件程序包得更多信息查看第 12 章。

工厂还需要确定最适合收集和记录任务结果的文件格式。一般而言，文件格式受到任务类型和需要记录的信息类型的影响。如润滑油路最好使用检查表的格式。另一方面，压力容器内部检查通常使用包含所有收集到的数据(如壁厚测量)的正式检查报告。每项 ITPM 任务选定的方法和文件格式应与相关人员沟通，第 6 章中含有程序格式的更多信息。

工厂应制定政策以明确 ITPM 结果文件的保存要求。此政策应确保工艺安全规定覆盖的设备的 ITPM 结果终身保存，尤其是 ITPM 结果表明要求设备的维护要求与 RAGAGEP 保持一致。但是，终身保存所有 ITPM 任务结果文件，特别是经常性任务(如每天或每周要做的任务)，很不实用，也没有必要。在制定文件保存和废弃的政策时，工厂人员应确保以下内容：

- 可证明设备以安全的方式进行维护、检查、测试和操作(如符合适用的 RAGAGEP)的相关的文件应保存。
- 可证明 ITPM 任务按照要求实施且结果得到合理的记录的相关足量文件应保存。
- 以后的 ITPM 任务或其他维护活动(如容器修理)不需要的文件可以废弃。
- 符合法律、法规、公司、或其他关于文件保存的要求。

4.2.3 任务实施和执行

一旦制订好 ITPM 计划和时间计划表，ITPM 任务应按计划和进度实施和执行任务。为了任务更好实施，工厂应确保：(1)制定工作流程；(2)对人员进行培训；(3)为 ITPM 方案的启动和持续执行提供足量的资源保证。第 5 章和第 6 章提供了关于培训和流程的信息。此外，第 10 章讨论了资源问题。

一旦任务开始实施，工厂应确保对任务结果和进度进行合理管理，任务管理的关键部分是确保对发现的设备缺陷进行了审查。本章下面一节和第 8 章提供了关于任务审查和设备缺陷管理的信息。此外，任务进度过程需要：(1)跟踪任务执行情况和跟踪延迟任务是否得到正确管理；(2)包括对 ITPM 任务和频率的审查和优化活动。第 4.2.5 节提到了任务进度问题。

4.2.4 ITPM 任务结果管理

除非工厂准备对其进行管理，否则 ITPM 任务的效果很容易变得无法保证。建立任务结果管理系统能带来巨大的好处，如：

- 提高设备完整性，进而提高过程安全、环保要求符合性和设备可靠性；
- 增加 MI 的人员参与度(职员希望自己的工作努力有价值)；
- 提高法规符合性(在未解决的 ITPM 任务缺陷是在 MI 审核中会识别出的典型设备)。

如果不对任务结果进行管理，工厂可能错失以下时机：(1)识别和正确管理设备缺陷；(2)优化 ITPM 计划表。因此，成功的 MI 方案一般包括分配人员职责的管理系统，用于：(1)审查任务结果；(2)进行必要的计算和评估；(3)更新 ITPM 计划表；(4)采取改正措施。

为了有助于确保对任务结果进行审查，应指派具备一定技能和知识的人员担此职责。特别是 ITPM 任务结果的审查人员需要：

- 验证 ITPM 活动完成，并对数据和结果进行初步审查。具体来说，应审核异常数据，以便可疑信息得到验证或修正。
- 对结果和建议进行评估和分析。包括向软件内输入数据用于分析、执行(或发起对运行状况的)评估(如适用性评估[FFS])、计算(如腐蚀率、下次检查时间)和/或审查建议的实用性和有效性。

- 识别(或初步评论)设备缺陷。对一些 ITPM 活动，本步骤只需要简单地做任务结果与验收标准的对比工作(如最小壁厚值，密封无泄漏)。对于其他 ITPM 活动，可能需要专家(或专家组)来识别设备的缺陷(如压力容器专家)。此外，需要提出设备缺陷的处理建议。设备缺陷确认后，要使用工厂的设备缺陷流程管理缺陷。第 8 章对设备缺陷流程进行了详细讨论。
- 设备缺陷跟踪。通常，维护设备缺陷列表或日志以确保其得到处理。同样，第 8 章提供了这方面的信息。
- 解决次要问题。有时，ITPM 活动会识别不属于设备缺陷(或不会导致一定程度的损伤/劣化)的设备损伤/劣化问题(例如，轻微生锈，读数略高于正常振动)。ITPM 任务结果审查时应确保已采取了必要的改进措施。如果不需要采取改进措施，审查程序应确保将所做的决定和依据记录下来。

任务结果(在停机窗口)的快速审查有助于确保该设备返回到正常服役状态，并使得任何要求设备停车改进的纠正措施均可以实现。此外，迅速审查频繁执行的任务的报告有助于确保员工所指出的问题及时得到解决。由于可能有大量的 ITPM 报告，人员应接受关于突出显示异常结果的培训。在一些工厂中，异常结果的报告与常规报告不同。同样，应指示执行 ITPM 活动的承包商公司注意总结报告或附函中强调的区域，有助于避免重要信息丢失或被忽略。

4.2.5 任务进度管理

理想的情况下，ITPM 任务应按计划进行。但是，任务有时可能会延迟或遗漏。工厂必须努力减少这种情况。为了确保延迟任务得到妥善管理，可以建立一个管理体系来证实以下内容：

- 任务延迟有正当理由；
- 了解与延迟有关的风险；
- 对变更管理(MOC)进行了合理审查；
- 任务延迟得到了适当层次的管理部门的许可；
- 采取必要的临时措施，以确保设备继续运行(例如，当储罐正常检查延迟后，增加目视检查)。

工厂可用于管理 ITPM 任务计划表的另一个体系是为 ITPM 任务确定可接受的宽限期。宽限期确定了实施任务时可接受的推迟时间期限，其目的是帮助工厂管理 ITPM 任务计划以协调可用的资源(如维护工人)和操作。实际的宽限期通常因任务间隔不同而有所不同(如每周性任务宽限期 1 天，季度任务宽限期 1 周)。

因为 RAGAGE 很少定义可接受的宽限期，组织在确定和使用宽限期限时应谨慎。否则，监管机构和审核人员会认为宽限期只是为了延长或避免实施 ITPM 任务。例如，如果每月的任务有一个星期的宽限期，任务总是按每 5 周执行一次，任务可能由一年的 12 次减少为 10 次。防止这种情况发生的一种技术是按照既定的时间安排执行任务。例如，月度任务可以根据月历固定实施时间(例如，每月的第一个星期)，而不是按上次任务后顺延 1 个月执行。

任务进度管理的另一个特征是根据 ITPM 结果对任务频次进行调整。如，容器、储罐和管道的 RAGAGEP 含有计算设备剩余寿命的公式(根据检查结果)和任务频次调整的标准(参考文献 4-5、参考文献 4-8、参考文献 4-9 和参考文献 4-10)。同样，其他设备类型的 ITPM 任务结果也可以用来调整任务频次。如，根据功能测试结果增加或减少测试频率。应建立频率调整的规定。任何偏离规定的偏差应通过工厂的 MOC 程序(或类似变更管理程序)许可。

任务频率调整时的一个常见问题是缺乏基准数据。在设备刚开始服役时，工厂不一定总能获取基准数据。因此，指定一些公称值(如压力容器制造用钢板的公称厚度)用于计算初始劣化速度(如腐蚀率)，并最终确定剩余寿命。当真实值与公称值有偏离时会带来问题，导致剩余寿命的计算过于保守或过于乐观。对于低频率的 ITPM 任务(如任务间隔时间很长，5 年或 10 年)，准确的基准数据的获得可以提高剩余寿命计算的可信度。此外，所提供的基准数据可为安装新设备时提供 QA。

确保根据任务结果调整任务频率很重要，因为可提供以下机会：(1)增加任务频次，保证下次任务前不出现失效；(2)减少任务频次，可减少 MI 方案的资源需求；(3)撤销不必要的任务(如撤销工艺流程中对建筑材料无腐蚀性的设备的测厚任务)。多数组织因为有流程文件而受益，这个流程既定义了结果审查/频率优化的相关职责又提供了频率调整的标准。

4.2.6 IYPM 方案监控

ITPM 方案监控包括合理工作绩效的建立，如 ITPM 任务准时实施的百分比、有 ITPM 任务的设备数目，或者有明显设备缺陷的设备数目。第 12 章提供了关于 MI 项目绩效测量的其他信息，包括与 ITPM 方案所建议的绩效测量的其他信息。

管理部门应完成并审查 ITPM 方案绩效的定期汇报。管理部门应关注延期的 ITPM 任务报告，并知道 ITPM 任务何时没有如期完成。而后，管理部门应确定 ITPM 任务延迟/延期的原因，并确保及时制定和采取必要的纠正措施。

4.3 ITPM 方案作用和职责

虽然不同组织间的作用和职责的分配会有所不同，但是基本的作用和职责应分配到组织中适当的岗位。ITPM 方案中的许多作用和职责分配至检查和维修部门承担。尽管如此，需要并建议生产人员参与其中，如 4.1 节中的叙述。此外，项目和维修仓库保管人员可能也需要参与其中。

表 4-5 和表 4-6 举例说明了 ITPM 方案所需的作用和职责。表 4-5 表示 ITPM 任务计划阶段的作用和职责举例，表 4-6 表示 ITPM 任务执行和监控阶段的作用和职责举例。矩阵中“R”表示为活动责任的人员，“A”表示审批责任方所做的工作和决定的人员，“S”表示支持责任方完成活动所需的人员，“I”表示任务完成或延缓后应通知的人员。

表 4-5 ITPM 任务计划阶段的作用与职责矩阵举例

活动	检查和维护部门人员							生产部门人员					其他人员					
	检查经理	维修经理	维修工程师	维修主管	检查员	维修技术员	维修策划人和调度员	生产经理	区域总监/车间主任	生产/工艺工程师	生产主管	操作工	厂长	项目经理/工程师	保管员	过程安全协调员	制造商和外部SME	外部承包商
任务选择/频率确定																		
• 检查任务	R/A		S		S		S	S	R	S	S		I			I	S	
• 测试任务		R/A	S	S		S	S	S	S	S	S		I			I	S	S
• 预防性任务维修		R/A	S	S		S	S	S	S	S	S		I			I	S	
• 抽样标准	A		S		R											I	S	S
任务分配(部门或工艺层级)																		
• 检查任务	R/A				S													
• 测试任务		A		R		S	S									II		
• 预防性维修任务		A		R		S	S									I		
• 实施 ITPM 任务									R		S	S				I		
• 任务计划	A	A	S	S	S		R	S	S				I			I		

表 4-6 ITPM 执行和监控阶段的作用与职责矩阵举例

活动	检查和维护部门人员							生产部门人员					其他人员					
	检查经理	维修经理	维修工程师	维修主管	检查员	维修技术员	维修策划人和调度员	生产经理	区域总监/车间主任	生产/工艺工程师	生产主管	操作工	厂长	项目经理/工程师	保管员	过程安全协调员	制造商和外部SME	外部承包商
验收标准确定																		
• 检查任务	A		S		R					S							S	S
• 测试任务		A	R	S		S				S							S	S
• 预防性维修任务		A	R	S		S				S							S	
任务执行																		
• 检查任务	A				R		S				I	I	I			I	R	R
• 测试任务		A				R	S				S	R				I	R	R
• 预防性维修任务						R	S				S	I				I	R	
• 实施 ITPM 任务											P	R						
设备文件的产生及维护																		
• 设计和建造资料			R							S				R/A				
• 服役历史记录			R/A	S	S	S				R/A	S	S						
• ITPM 历史记录	A	A		R	R	S	S								I			
• 维修历史记录	A	A		R	R		S								I			
• 供应商信息			R											R/A	I			
ITPM 任务结果文件管理																		
• 文件要求	R	R	S		S				R									
• 结果文件			S	R	R	S	I				R	S					R	R
• ITPM 任务结果管理	I	I	R	R	R	S	S				R	S	I			I		
ITPM 计划管理																		
• 任务延迟或取消	R/A	R/A	S	S	S		S	A	S		S		A			I		
• 任务频率调整	A	A	R	R	R	S	S	A	S	S	S	I				I		
• ITPM 方案监控	R/A	R/A	S	S	S		S	I	I		I		I			I		

参考文献

4-1 Occupational Safety and Health Administration, *Process Safety Management of Highly Hazardous Chemicals*, 29 CFR Part 1910, Section 119, Washington, DC, 1992.

4-2 ABSG Consulting Inc., *Mechanical Integrity, Course 111*, Process Safety Institute, Houston, TX, 2004.

4-3 Occupational Safety and Health Administration, *Pressure Vessel Guidelines*, Technical Manual TED 1-0.15A, Section IV, Chapter 3, Washington, DC, 1999.

4-4 Wulpi, D., *Understanding How Components Fail*, 2nd Edition, ASM International, Materials Park, OH, 1999.

4-5 American Petroleum Institute, *Piping Inspection Code: Inspection, Repair, Alteration, and Rerating of In-Service Piping*, API 570, Washington, DC, 2003.

4-6 American Petroleum Institute, *Inspection Practices for Piping System Components*, API RP 574, Washington, DC, 1998.

4-7 Occupational Safety and Health Administration, *Clarification on the Documentation of Inspections and Tests Required Under the Mechanical Integrity Provisions*, Correspondence letter to Mr. Sylvester W. Fretwell, Lever Brothers Company, dated September 16, 1996.

4-8 American Petroleum Institute, *Pressure Vessel Inspection Code: Maintenance Inspection, Rating, Repair and Alteration*, API 510, Washington, DC, 2003.

4-9 American Petroleum Institute, *Tank Inspection, Repair, Alteration, and Reconstruction*, API 653, Washington, DC, 2003.

4-10 National Board of Boiler and Pressure Vessel Inspectors, *National Board Inspection Code*, 2004 Edition, Columbus, OH, 2005.

4-11 ABSG Consulting Inc., *Overview of Condition Monitoring Techniques for ABS Technology*, Houston, TX, 2004.

其他资源

American Petroleum Institute, *Damage Mechanisms Affecting Fixed Equipment in the Refining Industry*, API RP 571, Washington, DC, 2003.

附录 4A 常见预防性维修与无损检测技术

在设备失效前诊断其失效是 MI 方案的主要目标。由于设备失效前多数会有预警期，因此 QA 和 ITPM 方案通常包括预防性维护和 NDT 技术，旨在诊断和识别这些预警信息。无论是预防性维修还是 NDT 都被认为是状态监测(CM)活动。下面简要描述了一些一般性的 CM 类型和不同 CM 任务概述(参考文献 4-11)。

温度测量。温度测量(例如，温度指示色、热红外图像)，有助于诊断与设备中温度变化相关的潜在失效。测量温度变化可以说明诸如过度机械摩擦(例如，故障轴承、润滑不足)、传热性能降低(如换热器结垢)和电气连接不良(例如，连接松动、腐蚀或氧化)等问题。

动态监测。动态监测(例如，光谱分析、脉冲分析)可对以波的形式从机械设备中发射的能量进行测量和分析，如振动、脉冲和声学效果。测量设备中振动特性的变化可以说明诸如磨损、不平衡、不对中和损坏等问题。

油性分析。油性分析(例如，铁谱、粒子计数器测试)可以用于不同种类的油，如润滑油、液压油或绝缘油。油性分析可以说明如机器劣化(例如，磨损)、油污染、油浓度不对(例如，添加剂不正确或添加量不合适)、油质劣化等问题。

腐蚀监测。通过腐蚀监测(例如，挂片测试、电阻测试、线性极化、电化学噪声测量)可以有助于提供材料的腐蚀程度、腐蚀速率和腐蚀状态(即活性腐蚀或非活性腐蚀)的迹象。

无损检测。NDT是对测试对象进行的非破坏性测试(例如x-射线、超声波)。很多此类测试可以在设备运行时检测。

电气测试和监控。电气的CM技术(如高电位测试、动力特征分析)涉及测量系统特性的变化，如电阻、导电性、介电强度和潜在电位。这些技术对于检测电气绝缘性质下降、电机转子断条和电机定子叠片过短等状态很有帮助。

观察和监视。观察和监视CM技术(如视觉、听觉和触觉检查)基于人的感官能力。观察和监视可以作为其他CM技术的补充，用来检测如松动/磨损的部件、泄漏设备、电气/管道连接不良、蒸汽泄漏、减压阀(PRV)泄漏和表面粗糙度发生变化等问题。

性能监测。监测设备的性能是CM的一种形式，通过监控一些变量的变化情况预测设备问题，如压力、温度、流量、电量损耗和/或设备容量。

5
设备完整性培训方案

人员培训是有效的设备完整性程序的重要组成部分。适当的培训可以确保设备完整性(MI)任务仅由合格员工执行，且被适当地连贯地予以执行(即减少人为失误的概率)。减少人为失误可以大大降低设备整体失效率。培训方案的制定与实施的流程如图 5-1 所示。

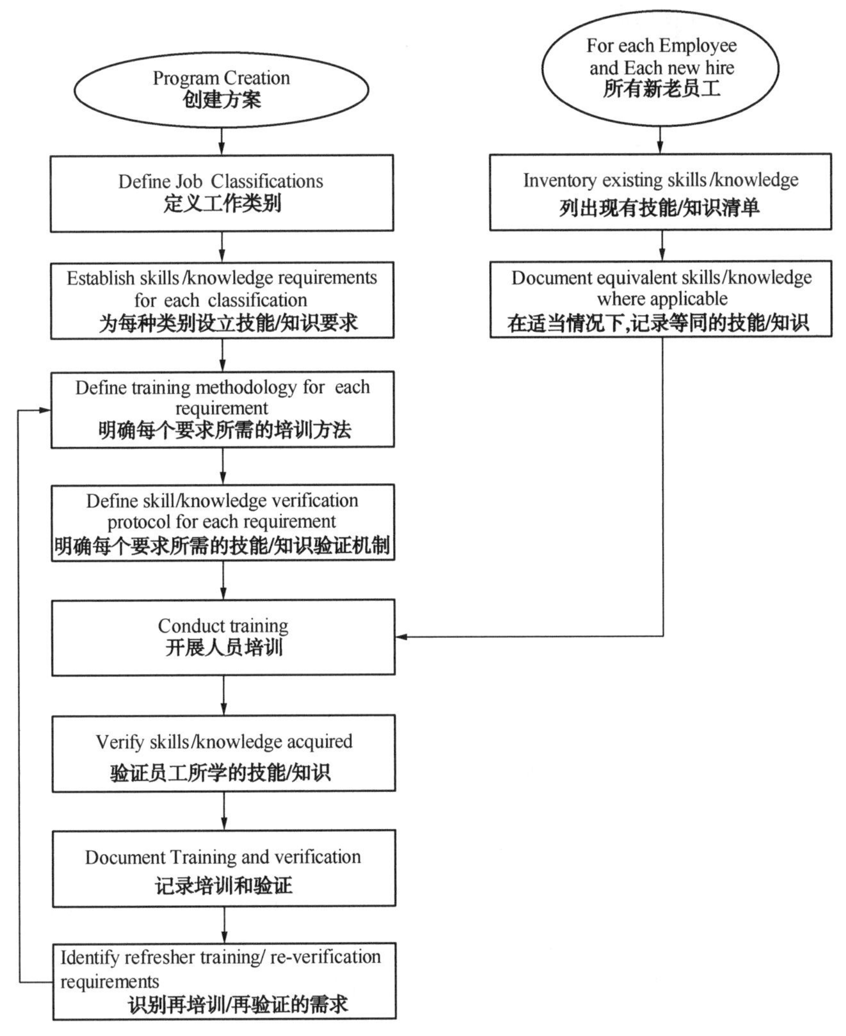

图 5-1　培训流程图

本章将介绍设备完整性 MI 从业人员的培训、资格认证及如何选择合格的承包商。主要包括如下主题：

- 技能/知识评估；
- 新老员工的培训；

- 培训效果的验证和记录；
- 认证，分配合适岗位；
- 持续和再培训；
- 技术人员的培训；
- 承包商事宜；
- 角色和职责。

特定设备的的培训和认证要求在第9章有详细介绍，更多关于培训的信息在ANSI-Z490.J《安全、健康和环境培训中公认做法标准》中有所提及。

5.1 技能/知识评估

正式的技能/知识评估可用于在职员工知识差距的识别和新员工的评估。了解薄弱环节所在之处有助于企业拓展培训或寻求外部援助，以最大程度地满足培训和资格认证需求。下面介绍一项已成功应用于多家企业的技能/知识评估技术。

(1) 审查机械完整性(MI)方案的组成内容。例如检查、测试和预防性维修(ITPM)计划，质量保证(QA)计划以及常规维护活动，以识别需要执行的MI任务并列出清单。

(2) 为执行这些任务的人员编制一份工作分类清单。需要注意的是，部分工作将由传统维护人员(如库房管理员、采购员、操作工)以外的人员来执行，而另一部分可能分配给承包商。如果可能，应明确独立于薪资分类之外的工作分类及其子分类。例如，企业可能为仪表技术员和电气技术员定了一个工资等级，但就培训目的而言，工作分类(比如机械维护技术员，仪表和电气技术员)和子分类(比如技工，DCS技术员)可能有所不同或者更为详细。

(3) 为各个工作分类及其子分类所需的技能/知识制定清单时，可以向经验丰富、知识渊博的人员征求意见。认证要求(特别是电焊工和固定设备巡检员)和其他公认的必须的技能及公认的良好的工程实践(RAGAGEPs)，和/或法律要求，可能也涵盖其内。把这些技能/知识项目加入到步骤(1)中识别的MI任务清单中。

为维持一个全面的技能/知识清单，可以额外增加一些培训，这些培训对于其他过程安全程序、工艺概述和危害、安全工作规范以及其他必要的培训(比如，变更管理[MOC]，应急响应，危险品[HAZMAT]培训)是必须的。

对职工进行调查，以确定哪些技能/知识需要提升。可以考虑采用这样一种调查方式，即由全体员工来评估他们本人和同事的能力。

注意：确保对任何同事能力的调查都应以一种非个人的方式进行。抽样调查格式见附录5A。

调研监督人员以获取他们对于员工技能/知识基础的反馈意见。

此外，如果有的话，考虑将来雇用的新员工需要什么样的技能/知识。如果维护人员具有丰富的工艺背景，那么他们所需的培训应有别于那些主要由缺乏经验的或由工艺操作工转岗而来构成的维护人员。

识别现有员工的技能/知识差距。此外，还应识别职位晋升和新员工的需求。

确定是否继续由内部员工执行频率相对较少的工作任务。

通常，企业现有员工已执行MI任务多年。因此，他们可能会抵触技能/知识评估。下列这些建议或许对缓解各种抵触有所帮助。

- 从积极正面的角度介绍技能/知识评估。大多数员工对有机会提升自身技能/知识是欢迎的。
- 识别各工作分类所必要的技能/知识需求时，应让有经验的员工参与。
- 除员工个人要求之外，还应对员工技能/知识差距进行评估。
- 将整个培训计划纲要介绍给员工。证明技能/知识评估仅仅是管理层为加强培训计划而采取的众多步骤之一。
- 不要将技能/知识评估(或者培训的其他方面)用作惩罚或解雇工作不力的员工的工具。

5.2 新老员工培训

对于每个已识别的提升需求，应确定技术增强(或技术补救)是否可以通过优化程序、培训、或两者兼而有之而能够很好的完成。第6章有更多关于MI程序的内容。

培训可以在很多场所进行：教室、电脑前、车间、现场、社区大学、供应商的学校，和/或通过函授学校。企业应：(1)确定满足MI目标的最有效的培训方法；(2)确保能分配给培训相应的资源。通常，企业综合使用各种培训方法。比如，安全工作规范可以在课堂上讲授，但有关压缩机维护方面的培训可能需要在工作现场进行来补充或替代课堂教育。表5-1对某些通用培训方法固有的典型优势和潜在弱点进行了比较。

表5-1 培训方法优势与弱点比较

方法	典型优势	潜在弱点
由学生自定进程的培训(比如基于计算机的培训包)	• 传达一致的信息 • 检验培训能够被每一个人理解 • 培训进度可以满足个人需要 • 从长远来看，可以将"培训师"的费用降到最低	• 模块可能与实际任务不相关，也可能不符合公司实际(可能需要审查和模块定制以确保相关性) • 缺乏指导教师和同学的现场互动 • 缺乏现场的技能验证 • 潜在的高启动费用
课堂授课	• 传达一致的信息 • 课程与员工需求相关并能调整与之相适应 • 课堂上老师和同学互动 • 获得的知识易于测试(通过培训师、学生互动以及笔试)	• 培训材料的制作费用 • 培训师与学生的日程安排必须协调好 • 需要一个可以确保那些错过培训课程的员工能够补习的方法 • 课程可能着重团体需要，而非适应个人需求 • 缺乏现场的技能检验
在岗培训	• 培训易于调整以满足个人需求 • 课程与日常活动密切相关 • 经验丰富的(知识渊博的)员工比较容易指导并回答问题 • 可以由培训师进行现场的技能验证	• 信息不一致——一个实习生可能与多人合作，如果不同的员工以不同的方法完成任务，就会使他感到困惑(考虑指定数量有限的人员作为培训师) • 信息不完全——松散的每日培训可能永远不会遇到任务(考虑建立检查表和其他工具来确保全部培训主题被每位员工所了解) • 不正确的做法和"小聪明"可能会在员工间传播，这将导致全员共存的缺陷(应考虑以其他方法补充在岗培训以免出现全员共存的缺陷) • 培训验证可能比较主观(应建立明确的技术验证标准) • 让技术熟练的员工参与培训新员工可能会导致临时性的损失或缺乏成效的使用

培训可以由各类指导老师实施：经验丰富的员工、工程师、供应商以及承包商。对培训师的选择和培训非常重要。企业应确保培训师了解并遵守公认的工作程序。培训师的选择应基于他们对培训主题的知识掌握和将这些知识有效传授给他人的能力。一位技术高超的技工不一定具备一个好老师应有的天赋和能力。很多企业实行培训师培训计划。一些企业则将指定的培训师送到制造商的培训课堂，反过来再让这些培训师将学到的知识教给其他员工。

很多企业建立了标准指南来为培训项目需求提供便利。

5.3 培训效果的验证和记录

企业应建立一个判断培训是否提升了员工技能/知识水平的标准。培训验证可采用多种方法：有些技能可采取笔试的方式验证；现场/车间演示的方法更为适宜(且针对实习生采用较多)。现场培训尤其应有明确客观的标准来衡量员工操作的熟练程度。

培训方案应包括记录培训日期、如何验证技能/知识(例如测试、观测)以及验证结果(比如测试成绩、通过/不合格)的规定。应记录每个员工的培训需求和培训完成情况。很多企业建立了一个专门的数据库，给出了员工及其职位分类与其所需要的技能/知识和/或培训课程的对应矩阵。表5-2给出了一个普通电工的数据表格(是矩阵中的部分内容)。

备份文档(比如完成的笔试，完成的检查表)应保存员工技能/知识矩阵中的每一条，以证明员工已满足既定标准。培训时间应该录入计算机，并在适当的时候，应建立制度以确保员工培训保持最新(特别是那些需要定期更新的培训)。有些企业将培训提示事项并入到工作指令系统，或纳入另一个标记着“必须的培训”日期的计算机系统中。能够将这些特征中很多或全部合并的培训数据库软件，有很多已经得到商业应用。

某些情况下，企业雇佣的员工本就具备一定技能。为确保培训数据库不被前后矛盾的文件影响，企业应建立“等同于”能力/知识证明的标准。例如，一位技术熟练的电工，他受雇进入企业时会免于接受某些一般电气技术培训，而这些培训对于技术水平尚低的新员工则是必须的。同样，一位某装置操作工调任到维修部门，他可能早已接受过具体装置或具体工艺的培训，而这些培训对于从装置以外雇佣的新员工来说则是必须的。

表5-2 普通电工培训矩阵

项目	需求								
	基本电力介绍	直流电路的基本原理	交流电路的基本原理	电气维修安全	电工图	电气测试设备	直流电路检修技术	交流电路检修技术	电子流程发射器
Harris, George	1/15/00	3/17/00	4/21/00	8/31/99	11/11/99	9/15/99	1/19/01	10/31/02	5/19/03
Jones, Mick	12/20/99	3/17/00	8/15/98	8/31/99	11/11/99		6/13/01	10/31/02	5/19/03
Leonard, John	放弃(基于经验)	放弃(基于经验)	放弃(基于经验)	8/31/99	放弃(基于经验)	9/15/99	放弃(基于经验)	放弃(基于经验)	5/19/03
Olsen, Paul	12/20/99	3/17/00	4/21/00	8/31/99	11/11/99	9/15/99	6/13/01	10/31/02	5/19/03
Rechards, Sam	1/15/00	3/17/00	5/1/00	8/31/99	11/11/99	9/15/99	1/19/01	10/31/02	5/19/03
Starkey, Greg	1/15/00		4/21/00	8/31/99	11/11/99	9/15/99	6/13/01	10/31/02	5/19/03
Watts, Bob	12/20/99	3/17/00	8/15/98	8/31/99	11/11/99	9/15/99	6/13/01	10/31/02	5/19/03
Wyman, George	放弃(基于经验)	3/17/00	5/1/00	2/12/00	11/11/99	9/15/99	6/13/01	10/31/02	5/19/03

5.4 认证

虽然很多 MI 技术对认证没有要求，但企业申请认证时需意识到并采用被普遍接受的认证要求。特别是，对于诸如固定设备检查与焊接等高层次的 MI 工作而言，认证是非常有用的。有时，法规(比如国家法律)也对认证有要求。尽管规范和法律经常变更，但整体趋势是维修和工程工作需要更多认证。此外，对某些规范(比如焊接)而言，为保持当前认证有效，需建立一个绩效跟踪制度。表 5-3 提供了一个清单，列出了一些 MI 工作已广泛接受的认证。对那些没有外部认证要求的技能来说，很多公司都建立了资质或内部认证要求，作为培训验证和证明文件流程的组成部分。

表 5-3 被广泛接受的 MI 认证

技　能	机　构	使用的证书或标准
常压储罐检查	API 美国石油学会	API 653
锅炉、压力容器和管道检查	美国锅炉与压力容器检验师委员会	National Board (NB)-23 美国协会(NB)-23
腐蚀预防与控制	美国腐蚀工程师协会	• 阴极保护专家 • 腐蚀专家 • 化学处理专家 • 材料选择/设计专家 • 涂料防护专家
检查监督、技术选择、程序准备和批准、法规解释	美国无损检测学会	美国无损检测学会统一认证规范(ACCP)第 3 级
无损检测技术	美国无损检测学会	SNT-TC-1-A，用于各种类型的检查和测试
无损检测技术、设备校准、结果解释	美国无损检测学会	• 美国无损检测学会统一认证规范(ACCP)第 2 级 • 磁粉探伤 • 着色探伤 • 射线检测 • 超声波探伤 • 目视检测
管道检查	美国石油学会	API 570
压力容器检查	美国石油学会	API 510
焊接	美国机械工程师学会	锅炉与压力容器规范(BPVC)第 9 部分，焊接(金属、焊条和焊接位置的资质证书)
	美国焊接学会	有证书的焊接工
焊接检查员	美国焊接学会	• 有证书的焊接检查员 • 具有高级证书的焊接检查员

5.5 持续或进修培训

为技能/知识评估而制定的任务和技能清单，其更新工作应以将新设备和/或新维护技术引入企业的方式完成。理想情况是，这些更新将作为企业变更管理(MOC)计划的一部分。习惯上，很多企业都会提供有关新设备的初步培训，这种入门级课程由供应商和/或与该设备有关的项目工程师来讲授。其他情况下，公司也会派员工到工厂学校接受培训。这样的课程目前可能依然适用，但培训计划也应考虑后来的员工如何获得这些新技术。也就是说，企业如何对没有参加这些课程的员工进行培训？评估这些入门课程时可以采用如下这些问题：

- 受训人员能够获得什么知识和/或技能？
- 是否有足够的资源(比如知识、参考材料)可以用于这种内部培训？
- 这种课程是否有用，将来是否应重复开设？
- 每个员工单独接受培训(比如经验丰富的员工对其进行一对一培训，或者也许在供应商学校)是否有意义，或者是否几个员工应一起受训？

此外，当有如下情况发生时，企业还应额外提供一些培训，比如：(1)员工的表现表明需要更多的培训；(2)员工要求额外培训；(3)程序/工作任务改变；或(4)工艺和/或其危害改变。

另外，对于某些主题，进修培训是有意义的(比如基于员工需求/意向)，同时在某种情况下也是必须的(比如国家法律要求，公认的和普遍接受的良好的工程实践(RAGAGEPs)要求的)。例如，对工艺危害的定期审查通常是适当的。此外，对于那些执行工作任务频率低或工作在频率低的特殊领域的员工(比如那些全年有 11 个月在车间，只有在每年停车时才在工艺区域工作的员工)，针对必要任务(也就是即时培训)提供复习课程是有益的。

5.6 培训技术人员

有时，培训交流仅在基层员工之间进行。但是，经理、主管以及工程师们也都参与到 MI 项目中，因此他们必须能胜任工作且知识丰富。例如，管理和工程部门员工可能需要的专业知识包括：(1)规范和标准培训；(2)对评估老化的设备能否继续使用所需的信息进行培训(比如腐蚀机理、断裂力学、应力分析)。表 5-4 是一个培训计划例子，针对从事压力容器、储罐和管道等的基于风险的检验(RBI)工作的设备完整性工程师。

表 5-4 机械工程师培训计划

要求	1Y	2Y	3Y	4Y	5Y	6Y	7Y	8Y
	M=强制性的；O=可选择的							
无损检测(NDE)II 级，ASNT SNT-TC-1A 目视检测(16 小时)(有取得 API-510 认证的可以排除)				M			M	
无损检测(NDE)II 级，ASNT SNT-TC-1A 着色探伤(8 小时)(有取得 API-510 认证的可以排除)				O	M		O	M
无损检测(NDE)II 级，ASNT SNT-TC-1A 射线探伤(24 小时)(有取得 API-510 认证的可以排除)				O	M		O	M
无损检测(NDE)II 级，ASNT SNT-TC-1A 连续超声波(8 小时)(有取得 API-510 认证的可以排除)				M			M	
过程安全管理 美国职业安全与健康管理局(OSHA)标准 过程安全管理(PSM) 1910.119(24~40 小时)	M				M			

续表

要　求	1Y	2Y	3Y	4Y	5Y	6Y	7Y	8Y
	M=强制性的；O=可选择的							
设备完整性(1910.119)(24~40小时)		M			O			O
API-579运行适宜性(24~40小时)			M			O		
API-510压力容器检查(认证可选)(24~40小时)	M				O			
API-570管道检查(认证可选)(24~40小时)		M				O		
API-653储罐检查(认证可选)(24-40小时)			M				O	
ASME标准：压力容器的设计、维修与更换，第VIII章，第1节(40小时)	M				M			
ASME标准：B31.3工艺管道(24~40小时)		M				M		
ASME标准：无损检测，第V部分(8~16小时)			M				O	
ASME标准：焊接，第IX部分(16~24小时)				M				O
ASME/TEMA标准：换热器的设计与建造(24~40小时)					O			M
美国环保署40美国联邦法规(CFR)风险管理(24~40小时)			M				O	
API-580/581-基于风险的检验(24~40小时)	M							
失效根原因分析(24~40小时)						M		
针对非化学工程师的化学工程概念(24~40小时)								O
项目成本估算(24小时)					O			O
基本腐蚀/腐蚀概念(24~40小时)						M		
焊接检查(24~40小时)	O	O	O	O	O			
美国防火协会(NFPA)70国家电气规程概述(NEC)(24~40小时)				O	O	O	O	O
马达保护(电气)(40小时)				O	O	O	O	O
压力容器设计软件(24~40小时)		M						
基于风险的检验(RBI)软件培训	M							

5.7 承包商事宜

某些工作企业会雇佣承包商来做：停车和转场、新建、专业服务以及补充企业劳务用工等。有时，全部维保都会合同外包。所有情况下，企业的职责是确保承包商接受一些完成其工作所必需的技能和知识的培训。落实这一职责可以通过多种方式，包括直接培训承包商人员，但更为常见的是，审查承包商的培训计划并验证每个承包商员工都接受了培训。在法律层面上，企业可能需要承包商具有类似安全培训(如安全工作规范、疏散计划)那样的安全方案。因此，将对承包商的监管与企业中负责承包商安全管理的员工协调好是非常重要的。

任何时候，当拿作为企业补充劳动力的承包商员工完成的工作与企业正式员工完成的工作相比较时，企业员工应确保培训也具有可比性。提升培训可比性的措施包括：(1)直接培训承包商员工或(2)提供给承包商雇主规程和/或培训材料。另一种方法是对承包商雇主的培训方案进行审批，然后核查每个承包商员工是否有培训记录。维保全部合同外包的企业都面临相似的选择，是验证培训计划是否充分还是培训所有人员。

通常，承包商是受雇来完成一些企业做不了或决定不由内部员工做的工作。在这种情况下，企业可能没有与承包商的培训计划相对应的内部程序，但也应对承包商的培训进行审查。通常要求一些专业的承包商(如电焊工、检查员、重型设备操作员等)具有认证或许可，企业应对所有必须的认证和许可进行核查。对于合适的承包商，企业也应核实其所有员工是否经过培训并提供其培训证明文件。

5.8 角色与职责

培训计划的角色和职责通常指定培训、工程和维修部门来承担。然而，生产部门应为工艺概况和危害这样的主题提供指导。设备完整性 MI 培训项目的角色与职责案例如表 5-5 所示，该表格提出了一种很多企业适用的矩阵格式。本矩阵指定任务给相关人员，“R”代表相关工作的负责人，“A”代表相关工作或由责任人作出的决定的审批人，“S”代表协助负责人完成相关工作的人，“I”代表相关工作完成或延迟时应告知的人员。

表 5-5 MI 培训项目角色与职责矩阵的案例

任务	维护和工程部门人员						其他人员					
	维修经理	维修主管	维修工程师	项目经理/工程师	维修技师	维修规划者/计划员	生产/工艺工程师	过程安全协调员	培训主管	安全主管	工厂经理	人力资源部门
技能/知识评估												
任务分类识别	R	S	S	I	I		I	I	I	I	I	I
技能/知识需求识别	A	R	R	S	S		I		I	S		I
劳动力调查	A	R	I	I	S	I		I	I	I	I	S
调查结果评估和需求识别	A	R	S	S	I	I	I	I	I	S		I
培训项目开发												
不同方法的评估	A	R	S	I	S	I		S	S	S	I	I
培训材料的获取/开发	S	S	S	I	I		I	I	R	S		
档案与跟踪系统的建立		I	I		I			S	R	I	I	S
再培训主题的识别	A	S	R	S	R	I		I	I	I		
认证程序的建立	I	S	R	S	I	I		I	S			S
培训规划	I	S	I		I	R	I	I	I	I	I	
继续培训计划的建立	I	S	R	R			S	I	I	I		
技术培训项目的开发/实施	A	I	R	R			S	I	I	I		
培训记录的维护		S	S	S	I	S		I	R	I		
管理者技能评估项目的开发	A	S	S	S				R		A	I	

参考文献

5-1 ABSG Consulting Inc., *Mechanical Integrity, Course 111*, Process Safety Institute, Houston, TX, 2004.

5-2 American National Standards Institute, *Criteria for Accepted Practices in Safety, Health, and Environmental Training*, ANSI Z490.1, Washington, DC, 2001.

5-3 American Petroleum Institute, *Pressure Vessel Inspection Code: Maintenance Inspection, Rating, Repair and Alteration*, API 510, Washington, DC, 2003.

5-4 American Petroleum Institute, *Piping Inspection Code: Inspection, Repair, Alteration, and Rerating of In-service Piping*, API 570, Washington, DC, 2003.

5-5 American Petroleum Institute, *Tank Inspection, Repair, Alteration, and Reconstruction*, API 653, Washington, DC, 2001.

5-6 American Society of Mechanical Engineers, *International Boiler and Pressure Vessel Code*, New York, NY, 2004.

5-7 American Society of Non-destructive Testing (ASNT), *ASNT Central Certification Program*, ASNT Document CP-1, Columbus, OH, 2005.

5-8 American Welding Society, *Specification for Welding Procedure and Performance Qualification*, ANSI/AWS B2.1:2005, Miami, FL, 2005.

5-9 American Welding Society, *Specification for the Qualification of Welding Inspector Specialists and Welding Inspector Assistants*, AWS B5.2, Miami, FL, 2001.

5-10 National Board of Boiler and Pressure Vessel Inspectors, *National Board Inspection Code*, 2004 Edition, Columbus, OH, 2005.

附录 5A 培训调查样本

请完成下面的调查表，以协助管理部门有计划的优化维护培训项目。调查结果将与另一个对维修工长的类似调查结果相结合，用以确立该项目的优先顺序。

本调查要求诚实客观地评价自己和同事的知识和能力。感谢您为我们改进培训项目提供的帮助。

主　题	个人能力			同事能力		
	能力强	有些知识	必要的基本培训	能力强	有些知识	必要的基本培训
管道安装						
管道规格知识						
选择垫圈的知识						
螺栓扭矩						
吊车操作						
铲车操作						
应急响应程序知识						
氦核作用知识						
β 衰变知识						
化学品危害知识						

6
设备完整性 MI 纲领性程序

一个有效的设备完整性 MI 大纲应该有关于 MI 活动和具体任务(如：检验、测试、预防性维修任务[ITPM])的书面程序。书面程序有助于确保 MI 大纲中各项行动及任务能够安全、一致并充分地执行，更主要的原因是过程安全法规中规定 MI 活动(参考文献 6-1)的开发和实施过程需要书面程序。为了能有效制定和实施书面程序，应使设备人员意识到程序具有除了符合监管要求以外的重要意义。尤其是程序可通过以下方式增加价值：

- 作为员工培训方案不可或缺的一部分；
- 减少人为错误；
- 帮助管理层确保活动按计划执行；
- 组织和人事变动后能确保 MI 系统的持续运行。

成功的 MI 程序的重要特征之一就是，一个任务或工作的书面程序、相应的培训及现场实际做法都保持一致。程序、培训及做法出现的差异能引起人员的困惑和人为错误。因此，为了确保其一致性，在书面程序中提及的内容必须反映在培训材料上。此外，管理人员应通过以下方式直接参与 MI 程序的编制：(1)提供开发高质量的程序所需的资源；(2)确保提供培训资源；(3)监控程序的一致性。

对重大工业事故的研究发现，很多事故是在维修过程中或者结束后发生的(参见文献 6-2)。任务/活动中的人为错误明显出现在这些事故中。多种原因可以导致人为错误，但是程序缺陷无疑是最严重的原因之一，这些缺陷包括：

- 缺乏有关任务/活动的最新的书面程序；
- 书面程序步骤与实际培训存在差异；
- 不遵循书面程序，原因通常包括：(1)程序中信息本身不充分、缺失、模糊及错误；(2)公司文化不支持将这种程序作为执行任务/工作时公认的的方式(员工被允许按照自己的方式执行任务)；(3)不充分的管理体系(如程序审核)，无法保证程序被遵守；和/或(4)存在多个相互冲突的程序。
- 员工缺少相关程序的培训。

根据任务要求准确编写程序，并将其以正确方式(例如，简单明了的语句，适当的格式，适当使用警告)写下来，是开发并管理 MI 程序的有效的方法，可以减少人为错误。当然，针对每个任务及活动都开发并维护相关的书面程序是不现实的，因此，管理人员需要评估任务及活动，并确定优先等级，以确保最重要的书面程序的开发和维护。例如，针对一些低风险、简单的任务，比如测试和更换警报面板灯或者在低压、安全工况下拧紧阀门等，书面程序是不必要的。同时，关于人为错误的研究表明采用简单写作技巧编写的程序能有效减少维修任务/活动中的人为错误。这些技巧包括：浅显易懂的程序格式，正确放置、使用警告和注意事项，在书写指令时用简洁、命令的语句。

精确、人性化的书写程序有助于改善任务和活动的执行。企业应该让将会执行这些活动的人员参与：(1)确定需要程序的任务/活动的优先等级；(2)开发、验证和保持书面程序。

本章的其余部分简要讨论了成功的 MI 程序的特征。化工过程安全中心(CCPS)编写的《Guidelines for Writing Effective Operating and Maintenance Procedures》一书，提供了更多关于开发和编写有效程序的细节。下面的章节讨论了以下主题：

- 支持 MI 的程序类型；
- 识别 MI 程序的需求；
- 程序开发过程；
- MI 程序的格式和内容；
- MI 程序的其他来源；
- MI 程序的实施和维护；
- MI 程序的角色和责任。

6.1 支撑 MI 的程序类型

MI 程序往往包含不同类型的程序。通常，在 MI 程序中会发现下列类型的程序(参考文献 6-3)：

MI 纲领性程序。这些程序概述了 MI 程序的不同要素的活动、作用和职责。此外，提供了 MI 活动指南或标准的各种文件，如的 ITPM 计划、检验标准、确定 MI 程序包含哪些设备的基本原理，也是 MI 方案程序的一部分。影响 MI 活动或受其影响的相关方案的纲领性程序(例如，变更管理[MOC]，工艺安全信息)，可能会被视为 MI 程序大纲的一部分。

- 管理程序。这些程序提供了执行与 MI 程序相关的管理任务所需的说明。
- 质量保证(QA)程序。这些程序确定了应执行的质量保证任务和执行质量保证任务的详细说明。
- 维护程序。这些程序提供了执行关键的维修任务、特殊工作或独特的修复/更换任务以及设备检修任务时所需要的指导。
- ITPM 程序。这些程序提供了执行 ITPM 任务和记录/响应 ITPM 结果的说明。

除了上面列出的程序类型，安全程序(例如，上锁/挂牌，断线，动火作业许可证，个人防护装备要求［PPE］)应作为 MI 的重要组成部分。这些程序经常被各种 MI 程序作为参考(例如，维护维修/更换程序，ITPM 程序)，这些程序对确保 MI 任务的安全执行是至关重要的。

每个公司分类不同，MI 程序类型也会有所不同；对于上述每种类别，大多数公司只有一个或多个程序。此外，每个类别所需的程序的数目也会因不同的公司有所不同。表 6-1 提供了各类程序中开发的典型的程序示例。

除了上面提到的程序类型，由其他部门制定的程序也可能涉及 MI 程序的一部分活动，此类程序也应被视为 MI 程序。通常，此类程序包括由维修或检验部门以外的人员所执行的 ITPM 任务或 QA 任务。例如，操作程序(或操作程序的部分内容)可能以设备的日常巡检，泵的润滑，工艺单元安全设施的维护，报警测试等的形式，为 ITPM 任务提供指导。其他也可能有 MI 相关的程序的部门有工程项目部、环保部、应急部、采购部。

表 6-1 MI 程序示例

程序类型	程序示例
MI 大纲	• MI 大纲描述 • 设备选择和 MI 项目的适用性 • ITPM 程序开发 • 设备缺陷消除 • 确定维修/更换程序需求 • ITPM 计划/指南/标准
维护，修理/更换任务	• 防爆膜更换 • 氢气压缩机机械密封更换 • 大功率发动机更换 • 离心泵拆卸和组装 • 易燃溶剂管道维修 • 电动机起动器更换 • 断路器保存
管理	• 计算机维护管理系统(CMMS)的操作 • 工作单管理 • 工作计划维护 • 任务计划管理 • 设备文件维护 • 设备故障报告编写
质量保证(QA)	• 承包商选择和审核 • 供应商选择和审核 • 工程项目技术和管理活动 • 工程项目安装/建造标准 • 设备维修或更换技术和管理活动 • 备件和维修材料的订购、接收、保管和出库 • 设备报废 • 设备交接检查 • 预制设备的检查 • 材料可靠性鉴别(PMI) • 维修任务的监督/审查
ITPM 程序(注：有些规范要求所有的 ITPM 任务都需要书面程序)	• 压力容器内外部检查 • 常压储罐定期检查 • 常压储罐内外部检查 • 换热器管束化学清洗 • 离心泵振动分析 • 泵密封目视检查 • 泵润滑 • 泄压阀拆除和弹出试验 • 安全放空检查和测试 • 联锁测试 • 变送器校验 • 仪表回路检查 • 开关阀门和行程开关测试 • 自动喷水灭火器检查 • 软管房屋库存 • 油库围堰目视检查

MI 项目程序的开发人员应考虑所需的程序的各种类型，以及公司内各类用户。不同类别之间，格式、内容、详细程度和程序的数量可能会有所不同，见表 6-2。例如，一个方案程序的格式和内容通常与 ITPM 任务完全不同，因为使用频率、用户的需求和细节是不同的。对于大多数公司而言，对维护程序的需求比对方案程序或管理程序的需求多。图 6-1 将程序组合到国际标准化组织(ISO)-9000 文件的结构中，并总结了各类程序类型之间的一般性差异。

表 6-2　不同类型的程序区别

程序的一般数量	特征	内容	一般格式
很少(例如 5~15 个)	宽泛的管理问题	总体指导(做什么)(谁来做)	叙述性段落
几个(例如 10~30 个)	特定范围内广泛使用的	是一般要求和特定指导的混合	段落 要点 检查表
许多(例如 20~200 个)	特定范围(例如设备，工作)	特定的指导	要点 T-bar 检查表

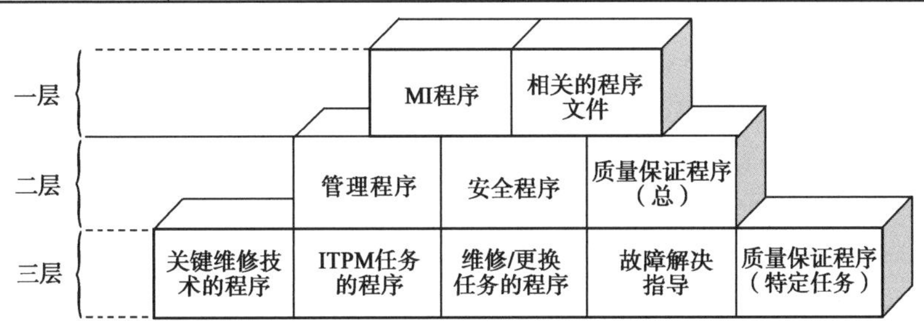

图 6-1　MI 程序的层次结构

以下两节提供了更多的信息：(1)确定需要什么程序；(2)确定程序的内容，选择一个好的程序格式。

6.2　识别 MI 程序需求

确定程序大纲的目标是识别程序需求的良好起点。目标可以通过回答下列问题确定：

- 期待从程序中获得哪些好处(除了满足法规要求)？为了培训员工？为了减少人为错误？为了确保人事变动时工作的连续性？
- 程序包含的范围是什么？特定类型的维护任务吗？具体单元/工艺/建筑？
- 不同类型程序的目标用户是谁？
- 如何使用不同类型的程序？仅供参考吗？在这个领域中，每次执行该任务都要用吗？
- 适用的公认的普遍接受的良好的工程实践(RAGAGEPs)是否需要一个程序？
- 法规要求是否必须满足(即，什么样的任务/活动法规要求有相应的程序)？

评估这些问题有助于企业了解所需的程序类型，以及程序开发过程中需要考虑的一些具体的问题。

企业人员应通过使用各种不同的信息来源，为每个程序类型(例如，MI 大纲，ITPM 程序，质量保证程序)编辑任务和活动清单。通常，可以从以下方面发现这些信息：

- 使用调查方式来评估培训需求(参见 5.1 节)，或者，考虑采用调查方式评估程序需求；
- 安全和环保培训手册适用的部分；
- 任何现有的维修草案和工作培训方案；
- ITPM 计划(请参阅第 4 章第 4.1 节)；
- QA 计划(见第 7 章)。

员工可以使用这些信息源作为识别所有程序类型所需的程序的工具，但维修/更换和故障排除任务类程序除外。维修/更换和故障排除任务的程序列表的开发，通常可以通过审查工作单历史记录和询问执行这些任务的维修人员和检查人员来实现。

一旦编制完成，必须对任务列表进行评估，以确定哪些活动需要书面程序。为了帮助提高员工的认同，一组包括一个或多个预期的程序使用者的人员应参加这样的评价。进行评价时，应考虑以下因素：

- 满足预期收益(例如，执行任务的一致性)需要书面程序吗？
- 为了确保正确执行任务/活动，书面程序是必须的吗？
- 不正确地执行或不完全执行任务带来的风险是否高到需要书面程序？
- 只有一个办法能安全和正确地执行任务？
- 程序目标用户是否认为书面程序是必需的？
- 任务不仅仅是常规工艺技能的简单的顺序的组合？
- 采用检查表来记录任务的完成情况有用吗？
- 法规(或 RAGAGEP)是否明确规定这些类型的任务/活动需要书面程序？

评估大多数因素通常很简单，可以迅速完成。然而，识别高风险的任务，并确定是否需要程序，是更复杂的。对于这些任务，可以通过专家判断或应用一个简单的风险等级工具(参考文献 6-4)。(注：表 6-3 提供了一个应用简单的风险等级工具所得结果的示例)。风险评估时，应考虑以下几个问题：

- 分配谁去执行任务？
- 如果没有正确执行任务，会有什么后果？
- 执行的任务频率？
- 执行任务时犯错并造成一定后果的可能性有多大？
- 有哪些保障措施(例如，安全工作做法)已到位？
- 程序能否最好地管理此任务的风险？
- 最好地管理这些风险需要多少培训？
- 培训的有效性是多少？

风险评估往往导致需要为每个程序类型(例如，MI 大纲，IPTM 程序，维护程序)定位或开发一些列的程序。(此外，*Guidelines for Writing Effective Operating and Maintenance Procedures* 第 3 章及附录 C 中，提供了更多关于确定哪些活动需要书面程序的信息[参考文献 6-5])。以下章节概括了开发有效程序的过程。

6.3 程序的开发过程

一个有效的 MI 程序具有有组织的程序开发过程。一个好的程序开发过程将有助于确保：

- 目标程序用户参与，从而提高员工的接受度，并最终提高程序的使用率和遵守情况。
- 通过各种渠道收集信息，将必要的信息纳入。

表 6-3 风险等级结果用于确定程序的示例

活　　动	任务编号	活动的频率	风险等级			是否需要程序	注　　释
			严重度[1]	可能性[2]	风险等级		
采购材料和备件	1.1	每天	较大	偶然	中	是	
维修和重新组装泵	1.2	每周	重大	大概率	高	是	
修理泵的密封	1.3	每周	较大	大概率	中	是	
泵校准	1.4	每周	较大	大概率	中	是	
修理和重新组装发动机	1.5	每年一次	较大	有可能	低	否	维修小组认为需要一个程序
压缩机阀门维修和大修	1.6	每年两次	灾难	有可能	高	否	制造商手册就足够了
压缩机维修和大修	1.7	每年两次	重大	有可能	中	是	

注：1. 严重度等级表示错误执行任务会导致的最坏的事故后果。

2. 可能性等级既要考虑执行任务的频次，还要考虑未正确完成任务造成最坏事故后果的概率。

- 通过选择适当的布局和遵循简单的程序编写指南，程序信息可以以有逻辑性且易于使用的格式表述。
- 通过多级审查和验证方式保证程序内容的准确性。

图 6-2 提供了一个很好的程序开发过程的基本步骤(参考文献 6-6)。在大多数企业，程序开发过程中很少包括所有这些步骤。例如，许多公司将审查和批准合并到一个步骤，并且验证步骤通常没有以正式的方式实施。

以下各段提供了详细说明，并提出了提高每一步骤的有效性的建议。

收集任务信息。这一步骤的目的是收集所有的起草程序所需要的信息。必要的信息包括：(1)任务/活动的主要步骤；(2)动手实践的步骤(即，完成每个主要步骤所需的分散的行动)；(3)任务的具体细节(如何，为什么，谁)；(4)程序中存在的任何特殊危害；(5)特殊的材料和工具，个人防护装备，以及必要的预防措施。程序开发人员通过以下方式获得必要的信息：(1)咨询专家(SME)；(2)审查现有的文件(例如，程序，手册，图纸)；和/或(3)观察正在执行的任务。在信息收集步骤，程序开发人员(也可能是

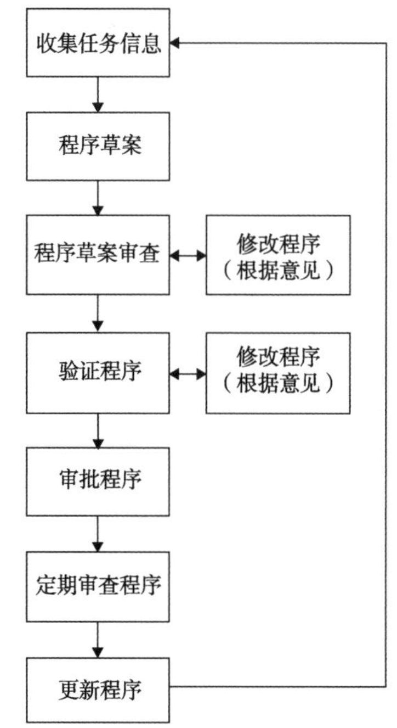

图 6-2 基本的程序开发过程

位专家)务必注意：(1)不要过滤或屏蔽掉不重要的信息；(2)咨询专家时使用开放式的问题，以避免偏置的反应。

起草程序。在此步骤中，在先前步骤中收集到的信息被转换成一个用户友好的程序，程序开发人员确定哪些信息包含在程序中以及这些信息放置的位置。某些信息最好放置在程序的介绍部分(例如，危害，专用工具)；一些信息属于警告、警示和提醒(例如，危险警告，不正确执行工作步骤带来的安全问题)；其他类型的信息应直接作为程序指令的步骤(例如，主要步骤，手动步骤)。一旦作出这些决定，程序开发者按照规定的格式和一些简单的程序编写指南，将这些信息集成到程序(见第6.4节，关于程序的格式和内容等其他信息)。

审查程序草案。审查步骤的目的是：(1)验证是否遵循了规定的程序格式；(2)确认程序是否符合法规要求(或其他类似的要求)；(3)确定专家所提供的信息和其他来源的信息是否已被适当地纳入程序；(4)评估程序的技术准确性。由于有多重目标，此步骤通常牵涉到组织内的许多人。例如，安全部门的人员可能需要审查某些程序(例如，涉及进入受限空间的ITPM程序)。每个程序审查至少包括一位被咨询过的专家。建立一个正式的审查流程，确保由适当的人员来进行审查。此外，先进行校对审查，然后提交程序到全面审查过程，以使后续的审查员把重点放在对程序技术方面的审查，而不是印刷错误和语法错误。

验证程序。此步骤的目的是验证该任务是否能够按照程序所描述的那样执行。提供信息的专家和程序开发时参与的专家执行验证步骤。此外，不同经验水平的专家也可以参与此审查。验证可以通过模拟演练的方式完成，或通过实际执行任务时遵循程序的方式完成。(注意：如果通过实际执行任务的方法来来验证程序，执行任务的人员必须知道该程序并没有得到验证，且可能需要修改。)

修改程序。在审查步骤后、在验证步骤后，在任何必要的时候，都可以对程序进行修改。此步骤的目的是为了处理针对程序提出的意见和建议。程序开发人员可以通过修改程序来解决这个问题，或者说服质疑者程序中已经解决了这些问题。如果经过修改，程序进展到下一个步骤之前，应该接受适当的审查。

审批程序。此步骤的目的是由合适的人员正式批准程序。如果审查过程是可靠的，审批步骤应该迅速进行。

定期审查程序。有效的程序包含了最新的、准确的信息。为了保持准确性，程序开发过程中应包含要求定期审查程序的步骤。通常，通过周期性地重新提交程序到审查步骤和/或通过检查程序时周期性地观察任务的完成情况。程序用户参与到定期审查中，有助于确保该程序反映实际的任务步骤，并提供所有必要的信息。

更新程序。如果被认为有必要的(例如，基于定期审查)，程序将被更新。更新的程度将决定需要采用前面的程序开发步骤中的哪些步骤。例如，一个简单的更新，包括扩大或更正几个步骤的信息，可能不需要对程序草案的审查步骤。另一方面，需要完全重写的程序，可能涉及所有的审查步骤。此外，企业必须有一个程序(例如，MOC过程)，以确保更新的程序能够传达给所有人员。当程序的变化很大时，可能有必要对修改的程序进行正规培训。

关于这些开发步骤的其他信息可以参考CCPS书：Guidelines for Writing Effective Operating and Maintenance Procedures(参考文献6-5)。

6.4 MI 程序的格式和内容

要建立有效的 MI 程序，开发人员应为目标任务使用适当的格式，并确保内容是适当的。为了增加程序的价值，必须满足法规要求(和其他目标，如公司的要求)，同时在任务信息沟通时采用清晰、准确且易于使用的方法。

有几个因素会影响程序格式的选择，包括文字处理能力和公司的要求。但是，主要因素应该是程序中包含的任务的类型。例如，MI 大纲程序一般都采用叙述格式(即段)或大纲的格式。另一方面，ITPM 任务程序通常采用大纲格式与短节或 T-bar 的格式(例如，一个两段的程序格式，一段描述主要步骤，另一段介绍每一个步骤的细节)。CCPS 编写的《Guidelines for Writing Effective Operating and Maintenance Procedures》第 4 章和附录 F 还给出了与程序格式的重要性相关的其他信息，以及一些程序格式的示例)。格式的选择应考虑：

- 用户友好；
- 帮助简化程序；
- 帮助程序开发人员以一致的方式输入信息；
- 对其所要阐述的任务类型是适合的。

另一个需要考虑的是空白处(页)和边界的有效使用，并选择适当类型的样式和尺寸。有效使用空白处和边界(尤其是对于详细的按部就班的维修任务程序)的好处包括：

- 整洁的程序介绍；
- 信息的逻辑组合和/或分散；
- 改善理解；
- 提高可读性。

有效地创建页面的空白处的方法包括：(1)增加行间距(例如，使用 1.5 倍或双倍行间距而不是单倍行距)；(2)使用缩进(例如，缩进分步)；或(3)信息以列、表和/或项目符号列表的形式呈现。这些方法有助于预防令人沮丧的“词语墙”的出现。

同样，每种类型的样式和尺寸可以增强或削弱程序。显然，每个类型的尺寸必须足够大，以易于阅读。程序开发人员可以使用大写单词来强调重要内容。例如，如果大写和小写以标准的使用方法予以运用，那么全部大写的内容将会突出显示(例如，WARNINGS(警告)，IF / THEN 语句)并提醒注意重要的信息。

当然，内容对程序是最重要的。显然，信息必须是准确和完整的。信息还必须规定正确的详略程度并易于使用。不具备这些属性的程序通常不可使用且没有什么价值。对详细的维修任务程序而言，尤其如此。

程序的用户应表达所需的详略水平。程序必须提供足够的细节，以便于没有经验的工人也能获得足够的信息来执行任务。另一方面，经验丰富的人员也可以使用这些程序；对于这些人，过多的或不适当的细节是不必要的。此外，过多的细节使得程序过长且很难使用。

然而，这些都是管理的问题。对于每一个程序，人员应明确并利用充足的任务信息收集过程(见第 6.3 节)，并采用简单、成熟的程序编写指南，如：

- 每个指导都像命令一样描写。
- 在整个程序中使用正确的详略等级。

- 平均每条指令步骤只意味着一个动作。
- 程序应指出何时指导步骤的顺序是很重要。
- 只使用常用词语编写程序。
- 只采用有助于读者理解程序的首字母缩写/缩略语/专业词汇。
- 每一步骤都是具体的(即，不留下猜测/解释的空间)。
- 程序应省去用户自己在心里计算的步骤。
- 任何图表的使用都要基于对用户有利。
- 参考文献对读者是有利的。
- 每个页眉都包含程序发布日期和页码。
- 在程序结束时应有明确的指示，告诉用户该程序到此结束。

注：CCPS 编辑《Cuidelines for Writing Efective Operating and Maintenance Procedures》一书的第 5.3 节提供了更广范围指南的列表，以及对这些指南的解释。这些指南提供了有助于读者理解的写作技巧：

- 用简洁明了的语句展示信息，每一步的开始使用命令的语气，每条指令步骤/子步骤只意味着一个行动，并确保正确使用参考资料(如其他程序，原始的设备制造[OEM]手册)。
- 使用常用词和专业术语(例如，术语，缩写词，缩写)提高清晰度。
- 提供足够的详细的具体的信息资料，并在必要时使用图表，可以减少中断(即，用户必须放下程序)。

很多任务的程序也应该指出在完成任务时可能出现的偏差，如：(1)未获得适当的许可；(2)执行的关键步骤顺序颠倒；(3)更换的部件时错误地使用了不同结构材料部件。通常在程序中使用适当的预防措施、警示和/或警告来指出潜在的偏差。对于某些任务，如 ITPM 任务，应将附加信息(例如，验收准则，如果不符合标准时采取的措施)包含在内或作为参考。

6.5 MI 程序的其他来源

除了企业自己开发的程序，企业经常使用外部来源的程序。虽然许多法规要求要有 MI 程序，但法规中很少规定企业必须为每一项任务开发自己的程序。许多企业也规定，执行任务的承包商或提供设备的供应商最好能够开发一些 MI 任务程序。

企业引用了两个常见的使用外部程序的原因(1)企业人员缺乏专业知识或开发程序所需的经验；(2)承包商或供应商已经拥有了可用的程序。此外，OEM 手册可以提供足够的信息作为某些任务的程序。(注：很多时候，制造商的手册缺乏必要的许可和在现场安全执行任务所需要的安全信息)。

企业员工应审查任何已使用的或引用的外部程序。审查过程中应解决以下问题：

- 程序是否包括要执行的任务所需的步骤?
- 是否有足够详细的介绍，以确保安全的一致的执行任务?
- 程序的详略程度是否与目标用户的经验/知识基础相匹配?
- 程序是否包含了必要的安全信息?
- 程序与企业的安全规程(例如，安全工作实践)是否衔接良好?

- 程序是否与企业的任何安全程序/做法相矛盾?
- 程序是否能够解决公司的质量或环境问题(例如,产品污染,废物的妥善处置)?

企业往往发现他们需要补充承包商或供应商的程序,以解决现场的具体问题或公司政策的要求。

6.6 实施及维护 MI 程序

本章的前几节概述了一个有效的 MI 程序大纲所需要的许多活动。然而,还需要程序大纲的另外两个阶段来确保程序的成功:

(1) 程序的实施;

(2) 程序的维护。

虽然实施可能看起来像审批程序然后将它们组装到到手册中那么简单,但成功的实施需要强调以下几点:

- 文件控制。有文件控制系统的企业应将程序文件纳入文件控制系统中。公司在发行新文件时也应采取措施处置老旧的和过期的程序文件。
- 访问。员工应能容易的获取程序文件。员工更愿意使用那些保存在他们感觉不到威胁的地方的程序文件。例如,程序文件保存在主管的办公室,如果经验丰富的员工要到主管那里才能获得程序文件,那么他们不太可能使用这些程序文件。
- 培训。应对所有新程序的使用者进行培训,以确保他们完全理解程序。培训还提供了一个机会来验证程序是否反映了工作的实际执行情况。

与有形资产一样,随着时间的变化程序可能退化(例如,变得不准确)。因此,程序大纲应包括下列程序维护方法:

变更管理(MOC)。如果程序所覆盖的任务发生变化,必须对其进行管理,以保持程序的准确性。这包括管理那些由于执行任务/工作采用方法的改进,现场的物理变化(例如,添加新设备)和组织的变化而导致的变化。企业可以使用现有的变更管理做法或开发一个独立的变更控制流程。

定期审查。MI 程序的定期审查提供了一个有效的手段,来确保该程序是最新的和准确的,因此,更有可能被使用。在某些情况下,程序的定期审查可以被纳入进修培训活动中。

维护程序需要管理层的承诺;特别是需要管理层提供更新和修订程序文件所需的资源。本节讨论内容的更多信息可以在 CCPS 编写的《Guidelines for Writing Effective Operating and Maintenance Procedures》中找到。

6.7 程序的角色和职责

MI 程序的角色和职责可以分配给不同部门的人员。通常,主要包括维修、工程和 EHS 部门的人员。然而,由生产人员完成的 MI 活动程序也可能涉及生产部门的人员。此外,外部人员(如承包商)也有可能包括在内。表 6-4 给出了某个 MI 程序的角色和职责分工的示例。矩阵为人员指派任务,负责该活动的人用“R”表示 ,“A”表示工作或由责任方做出的决定的审批者,“S”表示辅助责任部门完成活动的人员,“I”表示工作完成或延迟时应通知的人。

表 6-4　MI 程序角色和职责矩阵示例

活　动	检验和维修部人员							工程部人员			运营部人员				其他人员				
	检验经理	维修经理	维修工程师	维修监管	检验员	维修技工	维修计划员/制表人	工程经理	项目经理	项目工程师	区域主管/单元经理	生产/工艺工程师	生产管理人员	操作员	装置经理	EHS经理	工艺安全协调员	承包商	设备供应商
审查和验证程序																			
MI 项目和相关程序	R	R	S	S	S										I		S		
管理程序	I	I	R	S	R	S	S								I		S		
ITPM 程序	I	I	R	R	R	S	S				I	R	R	S			I	S	S
质量保证程序			R	S	R	S		R	S	S							I	S	S
维修程序			S	R		S	S										I		
审批程序																			
MI 项目和相关程序	R/A	R/A													R/A		R/A		
管理程序	R/A	R/A															I		
ITPM 程序	R/A	R/A									R/A						I		
质量保证程序	R/A	R/A						R/A									I		
维修程序		R/A															I		
执行程序																			
MI 项目和相关程序	R	R	S	S	S										A		S		
管理程序	R	R	SI	S	S	S	S								A		I		
ITPM 程序	A	A	S	R	R	S	S				R	S	S				I	R	
质量保证程序	A	A	S	R	R	S	S	R	S	S							I	R	R
维修程序		A	S	R		S	S										I	R	
维护程序																			
MI 项目和相关程序	R	R	S	S	S			R	S	S							S		
管理程序	A	A	R	S	R	S	S										I		
ITPM 程序	A	A	S	R	R	S	S				R	S	S				I	R	
质量保证程序	A	A	S	R	R	S	S	A	R	S							I	R	R
维修程序		A	S	R		S	S										I	R	R

参考文献

6-1 Occupational Safety and Health Administration, *Process Safety Management of Highly Hazardous Chemicals*, 29 CFR Part 1910, Section 119, Washington, DC, 1992.

6-2 Marsh & McLennan, *Large Property Damage Losses in the Hydrocarbon Chemical Industries – A Thirty Year Review*, 20th Edition, New York, NY, 2003.

6-3 ABSG Consulting Inc., *Mechanical Integrity, Course 111*, Process Safety Institute, Houston, TX, 2004.

6-4 Brown, E. and R. Montgomery, *How to Determine the Training and Procedures Required to Support the Plant's Reliability Program*, presented at the MARCON 99 Conference, Gatlinburg, TN, 1999.

6-5 American Institute of Chemical Engineers, *Guidelines for Writing Effective Operating and Maintenance Procedures*, Center for Chemical Process Safety, New York, NY, 1996.

6-6 ABSG Consulting. Inc., *Writing Effective Maintenance Procedures, Course 114*, Process Safety Institute, Houston, TX, 2004.

7
质量保证

全寿命周期的设备质量保证(QA)方法应该从设备的设计开始考虑，直到它退役(退役或重新使用)。由于外部审核员很难对质量保证(QA)作出判断(大部分质量保证(QA)程序的引用都是对事故的响应；在严重失效发生前，很少程序被认为是不充分的)，一些企业可能对质量保证(QA)程序关注不够。然而，一个有效的质量保证(QA)程序可以成为提高全厂机械完整性(MI)计划的有力工具。

在设备完整性(MI)项目中，质量保证(QA)和质量控制(QC)共同作用才能确保设备运行所需的合适的工具、材料和工艺，以满足其设计意图。然而，公司不同，质量保证(QA)和质量控制(QC)的含义也不同。事实上，这两个术语通常可以互换使用。在这本书中，“质量保证”或“QA”将包括 QA 和 QC 活动。

本章对设备生命周期的不同阶段的质量保证活动提出了一些建议，但并不是要求每个设施都需完成各项建议。根据特定设备的重要性，一些 QA 活动的严格程度也是不一样的。例如，一些企业只对特定的工艺或特殊的冶金材料进行材料可靠性鉴定(PMI)。

企业应检查设备生命周期中各个阶段的现有做法，以确定 QA 是否存在不足，如果存在，制定质量改进计划，以提升薄弱环节。此外，企业人员应制定质量保证计划，作为这些活动的程序和培训的基础。本章将讨论以下各生命周期阶段中的质量保证活动：

- 设计/工程；
- 采购；
- 制造；
- 验收；
- 储存及出库；
- 建造及安装；
- 在役维修、改造和再定级；
- 临时安装及临时维修；
- 退役和重新利用；
- 二手设备。

此外，本章还讨论备件和承包商供应的设备和材料的质量保证(QA)做法。

7.1 设计

设计通常是企业“建立”设备质量的唯一机会，其他的质量保证(QA)措施一般旨在保持其质量。质量设计是从足够的及富有创造性的工程设计开始。在可能的情况下，设计应采用经过测试和验证的功能，吸取之前的经验教训，以避免错误重复发生。许多经过验证的设计成了法规和标准的基础，更具体地说，成为了企业设备规范的基础。所有的企业应该都有设备规范。(请注意，有些企业用自己的设备规范作为其设计标准。)如果企业没有此类文件，应该在质量改进计划中增加“开发设备规范/设计标准”。设备规范的开发可以开始于参考适用于不同设备类型的规范和标准。表7-1例举了一些广泛使用的设计规范。很多工艺规范的另一个来源是设计手册或原始的工程和采购记录中的其他信息。企业在创建自己的规范时，除使用原始的手册和规范及标准外，还应考虑补充以下信息：(1)与公司相关的经验教训(例如，失效分析调查过程中的相关记录)；(2)原始建造以后出现的可用的的更新的或新的信息。

表7-1 典型设计规范的应用

应 用	设计规范或标准
锅炉(动力)	ASME锅炉和压力容器规范(BPVC)，第1节，动力锅炉
电力系统	美国防火协会(NFPA)70
仪器	不同的标准，包括仪器、系统和自动化协会(ISA)S84.01
管道(工艺)	ASME B31.3
压力容器	ASME BPVC，第8节，压力容器
泵	许多标准，包括API 610，ASME B73.1和ASME B73.2
储罐	API 620，API 650和美国保险商实验室公司(UL)142

企业应该有更新规范的系统，基于：(1)从经验和调查中吸取的经验教训；(2)相关的法规和标准的变更。企业合并后，保持现行规范的一致性所面临的挑战是复杂的。合并后的企业可能会受到“遗留规范”的阻碍，工程技术人员会面临多个类似版本的规范。依靠供应商规范的企业，当使用不同的供应商的规范来建设不同的工艺单元时，也会发生类似的问题。所有企业应该指定一个人或团队来解决这些问题，并负责制定和维护一系列明确的规范。

保持适当的设计规范是非常重要的。法规通常要求要记录设计规范并开发配套的图纸和数据表(即，过程安全信息)。正确运用规范，并具有适当的防护措施，有助于创造高质量的设计。企业利用各种方法，包括安全和设计审查(例如，管道和仪表流程图(P&ID)]的审查，泄压系统的审查，和各种危害的审查)，以确保设计的质量。化工过程安全中心(CCPS)出版的《危险评估程序准则》(第2版)描述了许多危害审查技术。这本书还包括了人量的危害评估清单，许多企业使用这些清单来帮助他们的设计工作。在设计阶段，企业人员应建立用于评估不同设计阶段的设计的质量保证(QA)计划，以及制造和施工过程中使用的质量保证(QA)计划。附录7A给出了一些建议，可以纳入到用于对不同设计阶段进行分析的质量保证(QA)计划中(参考文献7-1)。

7.2 采购

采购的质量保证(QA)有助于确保采购遵循规定的设计，确保变更的指导原则(例如，知道什么时候替代是可以接受的，并对替代进行适当的审批)能被理解，确保使用合格的供应商。如果零件和设备采购可以集中开展(而不是有多个部门参与)，且只使用经过批准的供应商，则发生错误的可能性较小。所有参与采购的人员应该对规范有足够的了解，以便(1)能识别是否订购了不适当的部件或材料；(2)知道何时需要材料或部件替代的授权。

企业应考虑建立一个供应商审批程序，并考虑限制只能向合格的供应商采购。合格的供应商有助于消除不合适的部件和材料的来源。一个良好的供应商可以保持其自身内部和外部的质量控制，有利于公司的质量保证(QA)程序。供应商的质量保证(QA)计划的示例见附录7B(参考文献7-2)。

7.3 制造

制造的质量保证(QA)包括验证规范是否被遵循和哪些制造工艺不能满足质量要求。可能需要召集供应商来协助确保制造质量保证(QA)，但最终企业应该对零件和设备的质量负责。根据所涉及设备的重要性，企业可以使用出场检验和出厂审批流程。

车间和现场制造、现场检查是常见的质量保证(QA)手段。对于压力容器等关键设备，质量保证(QA)过程中往往需要确定制造过程中的节点。例如，在继续制造之前，可能需要企业检查员或第三方检查员验证根焊道的质量。车间/现场检验也可能被更普遍的用于监督审查制造程序、车间/现场条件和记录。为了使这些检验更有效，经验丰富的检验人员和工程师应该考虑提供培训、检查表和程序以供其他人遵循使用。有些企业使用车间资格认证方法，以验证可能会制造其设备的车间的程序和质量保证措施。这样的预审批做法，有助于确保设备制造质量，特别是如果经验不足的人员执行项目专项检查。

许多行政辖区都要求在法规授权的车间来制造的一些设备(例如，安全阀，压力容器)。这些车间都预先进行过检查，并可能会继续定期接受第三方(例如，法规授权的人员)的检查。许多公司已经发现了一些法规授权的车间的制造错误。因此，他们会对拥有法规授权的车间进行检验和审批认证。

部分公司已经实施了某种形式的PMI(采购管理和检验)。由于认识到不合格、不正确装运的和意外调换的材料(如铬含量低于指定值的不锈钢)曾经被出售给不知情(和未检查)的公司，PMI已经得到普遍认可。PMI是一种方法，设备采购人员可以用它来验证零部件的建造材料或组分符合规范要求。实施PMI的企业和工厂会实施部分或全部下列活动：材料测试、材料跟踪和文档记录跟踪。此外，公司执行PMI的节点也各不相同：一些公司从钢材选矿开始，有的公司从制造过程开始，还有一些公司从验货过程开始执行PMI。公司可以聘请第三方提供独立测试服务，也可自行进行测试。在大多数项目中，材料成分验明后，其结果被记录和被跟踪，直到安装。让公司对PMI感兴趣的方法是要甄别时机(例如，涉及关键材料问题的项目)，并把PMI步骤(例如，材料测试、文档追踪)纳入到项目质量保证(QA)计划中。PMI的更多信息见附录7C(参考文献7-3)。

7.4 验收

为了保持全面的验收质量保证(QA)，公司必须甄别所有的收货途径。如果所有的零件和设备都在中央仓库收货，质量保证(QA)工作将集中于此。但是，某些公司可能有多个部门会引进材料，抑或，不同公司对承包商材料的验收方法也有很大不同(参见第7.12节)。如果有多个验收途径，稍后阶段(例如，设备安装)的质量保证(QA)工作应该加强，因为没有集中地验证收货质量保证(QA)。

验收质量保证(QA)一般涉及几种收货检验，以验证接收的部件与设计要求的和购买的部件相符。此外，收货检验也可用于检查零件损坏或不符合要求的情况。检查的类型和参与的人员，视接收的设备类型以及公司文化和资源而变化。验收检验最简单的形式，是对照采购订单检查装箱单。其最复杂的形式，收货可作为一次正式的检查，包括材料测试和鉴定。许多公司根据收到的设备的重要性，做法各不相同。在这种情况下，全面的验收程序和/培训对确保接收人员知道什么时候需要一个正式的检查至关重要。执行收货检查(例如，备件)的人员，应接受适当的培训(例如，进行目视检查)。

许多公司跟踪验收质量保证(QA)过程中发现的不符合项(如供应商表现不佳)，及时与公司其他分支机构分享这些信息，使企业能够更迅速地找出质量问题。

7.5 存储和出库

许多存储质量保证(QA)的措施视具体设备不同而不同(例如，对电气元件，应存放在控制湿度和静电的区域；存储压力安全阀[PSVs]应直立放置并旋转电机)。一般措施，如装箱、标签和库存控制措施(例如，先入先出；循环盘点；重排序程序)等，有助于确保部件容易获得，没有与其他部件混淆，并且存储时间不能占其使用寿命太多。在某些情况下，部分公司建立隔离存储区作为补充措施(例如，用于稀有金属)。对于通过程序和培训进行管理的储存人员而言，所有的这些质量保证(QA)措施是比较简单的。

开发用于有人值守仓库的常规材料出库的质量保证(QA)步骤是相当简单的。公司可使用部件编号系统和图纸，以及工单，来控制和跟踪发出的材料。这样的出库系统可以通过该公司的计算机维护管理系统(CMMS)建立。目前，许多公司早已成功地采用手工(即，非计算机化)系统来进行零件检验。

非标准存储和出库系统，可能会导致质量保证(QA)过程更加困难。非正式存储的零部件和材料(例如，在工艺单元)有被误用的可能。如果一个单元可以从另一个单元“借用”材料，那么困难会更进一步增加。应该考虑为在本地存储的部件的数量和种类设置界限。另外，由于未使用的部件(例如，螺栓、垫圈、小口径阀门)返回到存储时，发生错误会导致危险，故应考虑部件返回到存储的控制措施(例如，程序，培训)。

很少有仓库全天候配备工作人员。依赖于仓库人员的培训来确保合适的备件及材料出库的公司，应考虑提供额外的针对仓库无人值守时的控制措施。一个常见的做法是，只有被选定的人才能进入库房。在这种情况下，所有被选定的人员应该接受适当的培训，以确保库房和出库质量保证(QA)不受损害。

对于一些公司，限制零件出库对特定的工作任务项目是不实际的。例如，石油生产领域的技术人员的维修范围覆盖许多英里，每个工单都要求前往中央仓库是不合理的。在这种情况下，技术人员的卡车可以视为另一个仓库，具有替换零件所需要的适当的程序、培训和文档记录。

7.6 建造和安装

建造和安装是设备生命周期中能弥补早期阶段产生的任何质量保证(QA)缺陷的最后机

会。在设备生命周期的早期阶段没能纠正缺陷的公司，应加强建造和安装阶段的质量保证(QA)。当然，在安装过程中的错误也可能使之前一切好的做法都无效。在安装错误导致设备失效之前，应确保能够预防和检测到安装错误(例如，混淆低温阀门和碳钢阀门，旋转设备的不正确的校准)的控制措施到位。

建造和安装质量保证(QA)程序应强制要求使用有资质的人员。对于许多公司而言，需要审核承包商的绩效，以及为公司人员提供培训。安装说明书也可以为这些人员提供指导。大多数公司都有承包商审批流程，然而，这样程序多数用来确保责任保险和安全性，而不是保证承包商的表现。公司管理人员应考虑在承包商审批过程中增加设备完整性(MI)考量。附录7D给出了一个服务承包商的质量保证(QA)计划的示例(参考文献7-4)。通过QA活动，确保进行施工和安装的人员具有相应的资格，其完成的工作也是可以接受的。在设备制造阶段，在建造过程中的关键节点，控制点常被进行独立的检验。安装完成后的检验和测试也很常见。特殊的测试包括压力容器水压试验、仪器仪表及联锁试验、充水运行等。使用程序和检查表有助于保证这些活动的一致性和质量。

识别质量保证(QA)问题的最后机会之一是启动前安全审查(PSSR)。公司应考虑，需要质量保证(QA)审查作为启动前安全审查(PSSR)活动的一部分。在这样的审查中，可以把已安装的设备和设计文件进行对比，并可以验证任何项目指定的安装要求。公司应具备方法来：(1)记录设计和安装之间的差异；(2)评估这些差异是否可以容忍(此评估和变更审查过程类似)；(3)设备启动前进行必要的修正；(4)记录任何已识别的问题项的关闭。

7.7 在役修复、改造和再定级

由于设备缺陷导致了许多在役维修。与设备缺陷处理相关的一般问题在第8章中讨论。有时候，公司需要对压力容器、储罐和管道进行修理，改造，或再定级。(维修是指使设备恢复到和设计条件一致的合适状态的所有必要工作。改造是指设备的任何物理变更，其改变了设备的设计，如这些变更会影响承压能力。再定级是指设计温度或设备的最大允许工作压力的变更)。由于潜在的灾难性后果和涉及的技术问题，部分规范和标准中已明确定义了相应的具体的质量保证(QA)要求。表7-2列出了一些适用于维修、改造及再定级的规范和标准。

表7-2 适用于修复、改造和再定级的具有质量保证(QA)要求的规范及标准示例

应　用	适用的规范或标准
常压储罐(如，API650储罐)	API653，第7节
电气系统	NFPA70
仪表	ISA S84.01
低压储罐(如，API620储罐)	API653，第7节
管道	API570，第8节
压力容器	API510，第7节或NB-23，RC部分

一般而言，这些规范和标准就以下问题提出要求和指导：

- 授权。必须在开展工作前，由相关人员对工作进行授权。
- 批准。工作一旦被执行，需要相应的人员对工作进行审批。
- 工艺。工作如何开展的具体细节（例如，焊接工艺，热处理要求，材料）和工人资质等。
- 检验和测试。工作期间和完成之后都要求检验和测试。
- 文档。所需要的所有的文件。

公司有没有关于这些问题的专家并不是非常必要，但要能意识到这些问题，并能够确保有丰富知识的容器/管道承包商遵守这些要求，是非常重要的。遵守这些质量保证（QA）的要求，将有助于确保设备的完整性并避免任何法律或监管的问题。

建设和服役的相关历史文件可以帮助员工诊断性能故障问题。此外，记录对焊接维修的安全是至关重要的。例如，初始建设过程中的焊后热处理（PWHT）通常会限定焊接修理的 PWHT 要求。因热处理不当，在容器开车过程中曾经发生过灾难性事故。有些工厂开发了工单审查协议，以确保有资质的人员制订关键维修的维修计划（例如，涉及焊接的维修）。

7.8　临时安装和临时维修

临时安装和临时维修可能产生一些特殊的问题。通常，安装或修理被认为是“临时”的，因为它不满足永久性的修理或安装的要求。有时，这些会绕过永久设备的质量保证（QA）检查。为了帮助确保这些情况下，不会导致灾难性的后果，公司应考虑实施管理临时安装和临时维修的政策。这样的政策可以集成到设备的变更管理（MOC）政策之中，以确保质量保证问题得到充分覆盖。

管理临时维修和安装，公司应确保识别下述几点，并确保记录下任何规范要求以外的异常情况。重点审查：(1)安装期间修改操作极限是否必要；(2)是否应更新程序；(3)是否将变更告知受影响的人员。根据临时安装或修理的类型，设备在启动（重启）前应进行检验，并在必要时应考虑和安排额外的检验。最后，临时安装/维修应规定截止日期，并应制定程序，以确保在截止日期之前已经对这些安装/维修进行了拆除或升级。

7.9　退役和重新利用

退役质量保证（QA）不是设备完整性（MI）的关注点，除非退役的目的是重新利用。任何没有拆除或报废的退役设备都可能重新利用。“封存”装置和“废料”既提供了省钱的机会，但他们也存在巨大的质量保证（QA）挑战。

认识到这些质量（QA）挑战的公司应考虑设立退役和重新利用的程序。退役程序应考虑设备减压、设备清洗、设备保存的配套措施、任何应实施的不间断的检查和预防性维护（PM）。此外，应保留设计和检验文件，并且对运往废料场的设备应标识或标记。同样，对准备以后再利用的封存装置，（例如，季节性操作设备）应制定程序，以确保液体被排干、清洁系统、并采取其他措施以维持设备的使用寿命（例如，维持一个适当的气氛以防止腐蚀）。

某些公司在重新利用程序中规定了设备的再利用质量保证(QA)。重新利用程序可能包括服役变更审批程序。这样的审批流程中应考虑的变量包括：(1)设备退出服役的时间长短；(2)持续检查和预防性维修(PM)的程度。一般情况下，重新利用涉及检验和其他设备的检查，以确认二手设备适合新的服役。如果合适的话，压力设备，要根据第7.7节中所列的做法进行再定级。

7.10 二手设备

购买二手设备时，可能会出现不可预见的问题。设备的设计文档，设备以前的一些服役数据和以前的维修信息，可能会被提供给购买公司。然而，通常情况下，这些信息都是不可用的。购买二手设备的公司应考虑制定具体的程序。这些程序包括许多第7.9节中列出的设备的再利用措施，如重新利用程序。此外，二手设备程序应确定保护和维护设备档案信息的方法。

7.11 备件

关于采购、制造、验收、储存和出库系统(第7.2节~第7.5节)质量保证(QA)的大部分信息直接适用于备件管理。备件管理的其他注意事项包括：(1)识别为新的单元/设施的备件库存；(2)为替换零部件的采购和验收以及对原始的设备制造商(OEM)部件进行代替的替代部件的审批，制定程序并提供培训。

7.12 承包商提供的设备和材料

让承包商提供自己的设备和材料的公司，哪些设备和材料的质量保证(QA)可以由公司的质量保证(QA)程序覆盖或委托给承包商的质量保证(QA)程序。在这两种情况下，公司应确保所有承包商都知道质量保证(QA)要求。承包商提供质量保证(QA)服务时，公司应考虑审核承包商的做法。公司应确保：(1)所有承包商提供的设备和材料一旦在生命周期中使用，就要进行鉴定；(2)质量保证活动已启动；(3)收集了设备文件。

7.13 质量保证程序的作用和责任

质量保证程序的作用和责任，一般分配给工程、检验和维修部门。表7-3中提供了该程序的作用和责任示例。矩阵中任务分配给相应的人员，“R”代表负责该活动的人员，“A”代表对工作或由责任方作出的决定的审批人员，“S”代表辅助责任方完成活动的人员，“I”代表工作完成或延迟时应通知的人。

表 7-3 质量保证(QA)程序的作用与职责矩阵示例

活动	维修及工程部门人员								其他人员						
	维修经理	工程经理	维修监理	维修工程师	项目经理/工程师	维修技术员	维修计划者/制表人	生产工程师/工艺工程师	检验经理	安全经理/过程安全协调员	工厂经理	检查员	仓管员	采购员	承包商/现场监理
QA 改进计划制定	A	A	S	R	R	I	S	S	A	I	I	I	I	I	I
QA 计划制定	A	A	S	R	R	I	S	S	A	I	I	I	I	I	I
QA 设计(包括规范制定)	I	R		I	S			S	I	I	I				
采购 QA	I	A	I	S	S			S	I				I	R	
制造 QA	I	A		I	S				R		I	S	I	I	I
验收 QA	I	I	I	A	A	I	I	A	A	I	I	I	R	I	I
储存和出库 QA	I	I	R	A	A	I	I	A	A	I	I	I	R	I	I
建造和安装 QA	R	S	I	S	S	I	I	I	A	I	I	I			I
设备再定级	S	R	I	I	S			I	A			I			I
设备维修 QA	R	I	I	S	I	I	I	I	A	I	I	I			I
临时修理和临时安装	A	A	I	S	S	I	I	S	I	R	I	I	I	I	I
承包商 QA	A	A	I	S	S	I	I	I	A	I	I	I			R
退役/再利用 QA	R	R	I	S	S	I	I	I	A	I	I	I		I	
二手设备 QA	S	R	I	S	S	I	I	I	A	I	I	I	I	S	

参考文献

7-1 Casada, M., R. Montgomery, and D. Walker, *Reliability-focused Design: Inherently More Reliable Processes Through Superior Engineering Design*, presented at the International Conference and Workshop on Reliability and Risk Management, San Antonio, TX, 1998.

7-2 ABSG Consulting Inc., *Mechanical Integrity, Course 111*, Process Safety Institute, Houston, TX, 2004.

7-3 American Petroleum Institute, *Material Verification Program for New and Existing Alloy Piping Systems*, API Recommended Practice (RP) 578, Washington, DC, 1999.

其他资源

American Institute of Chemical Engineers, *Guidelines for Hazard Evaluation Procedures, Second Edition with Worked Examples*, Center for Chemical Process Safety, New York, NY, 1992.

American Petroleum Institute, *Pressure Vessel Inspection Code: Maintenance Inspection, Rating, Repair and Alteration*, API 510, Washington, DC, 2003.

American Petroleum Institute, *Piping Inspection Code: Inspection, Repair, Alteration, and Rerating of In-service Piping*, API 570, Washington, DC, 2003.

American Petroleum Institute, *Centrifugal Pumps for Petroleum, Petrochemical and Natural Gas Industries*, API 610/ISO 13709, Washington, DC, 2004.

American Petroleum Institute, *Design and Construction of Large, Welded, Low-pressure Storage Tanks*, API 620, Washington, DC, 2002.

American Petroleum Institute, *Welded Steel Tanks for Oil Storage*, API 650, Washington, DC, 1998.

American Petroleum Institute, *Tank Inspection, Repair, Alteration, and Reconstruction*, API 653, Washington, DC, 2001.

American Society of Mechanical Engineers, *International Boiler and Pressure Vessel Code*, New York, NY, 2004.

American Society of Mechanical Engineers, *Process Piping*, ASME B31.3, New York, NY, 2004.

American Society of Mechanical Engineers, *Specification for Horizontal End Suction Centrifugal Pumps for Chemical Process*, ASME B73.1, New York, NY, 2001.

American Society of Mechanical Engineers, *Specifications for Vertical In-line Centrifugal Pumps for Chemical Process*, ASME B73.2, New York, NY, 2003.

American Society of Testing and Materials International, *Standard Guide for Metals Identification, Grade Verification, and Sorting*, ASTM E1476-97, West Conshohocken, PA, 1997.

The International Society for Measurement and Control, *Functional Safety: Safety Instrumented Systems for the Process Industry Sector - Part 1: Framework, Definitions, System, Hardware and Software Requirements*, ANSI/ISA-84.00.01-2004 Part 1 (IEC 61511-1 Mod), Research Triangle Park, NC, 2004.

National Board of Boiler and Pressure Vessel Inspectors, *National Board Inspection Code*, 2004 Edition, Columbus, OH, 2005.

National Fire Protection Association, *National Electrical Code*, NFPA 70, Quincy, MA, 2002.

Pipe Fabrication Institute, *Standard for Positive Material Identification of Piping Components Using Portable X-Ray Emission Type Equipment*, New York, NY, 2005.

Underwriters Laboratories Inc., *Steel Aboveground Tanks for Flammable and Combustible Liquids*, UL 142, Northbrook, IL, 2002.

附录 7A 设计审查建议

重大项目在设计过程中的有以下几个步骤(阶段)，在每个阶段 QA 活动可能包括不同的设计审查。

评估阶段。评估是设计过程的开始阶段。在这个阶段，对于新的工艺需求/要求，一些一般性的信息是可用的，可以采用技术满足这些需求。评估阶段应确定(1)此项目是否应该开展(对比竞争相同的资源的其他项目)；(2)项目的具体目标；(3)项目的基本方向(如主要的技术选择)。在这个阶段侧重于分析该项目的可行性及所带来的风险。在此评估阶段，重点在于从众多竞争性的替代选择中选择应开展哪些项目，在这个决策过程中，所有权(完整性相关的特性)的总成本应发挥关键作用。

概念设计阶段。概念设计是设计过程中的一个中间阶段。在此阶段中，一个开发团队调查并提出“最好”的项目工艺配置类型。在这个阶段，要确定加工设备的类型，设备之间的互连、预期操作条件范围及操作环境。但是，具体的工艺参数的选择不会在这个阶段进行，而是在设计过程的后期阶段。在这个阶段侧重于分析整体性能的目的/目标如何转化为各个分系统的目的/目标。这种分析侧重于对所需的性能是否是现实可行的，以及需要进行何种修改/改进以达到整体性能的目的/目标进行评估(在一个较高的水平)。此外，在各种因素基础上，包括项目的风险和期望寿命周期成本，将各种设计概念进行对比，以确定哪个(些)选项值得进一步开发。这个阶段可以采用某些分析工具(例如，what-if 分析，相对排序，帕累托分析)。这个阶段的分析强烈地影响(支持)后期设备选型和配置决策。

初步设计阶段。初步设计是设计过程中的另一个中间阶段。在此阶段，开发团队扩展了概念设计阶段的工作：(1)最后确定各种设备项目的类型和数量的选择；(2)产生设备配置的图纸；(3)优化过程参数选择；(4)评估配套设施的影响(例如，通风系统，电气系统)。工艺如何操作(如操作程序的开发)和工艺如何维护(如明确计划的维修任务和频率)的具体的预先计划将在这个阶段产生。在这个阶段侧重于分析确定各系统的目的/目标如何转化为组件的目的/目标。分析还规定了一个评估(更详细的水平)，评估各个分系统所需的性能是否是实际可行以及各个分系统或组件的哪些更改/改进是必要的。系统的性能特征的优化在此阶段完成，必须考虑许多因素，如成本、产品质量和可靠性有关的特性(例如，平均系统可用性，系统能力)。在这个阶段中常用的一些分析工具包括：

- What-if 分析，主要用于重大项目；
- 相对排序，评估竞争设计的关键组成部分的可靠性；
- 框图分析，评估整个系统的可靠性特征(例如，设备综合效率)，基于估算的或分配的各个子系统的可靠性特性。

在这个阶段的分析也支持了设备选型和配置方面的决策，进一步开始表征系统的整体性能。维护和操作的可靠性、以及工艺制造/装配等重要问题，在此阶段也开始出现。

详细设计阶段。详细设计是正式的设计过程中的最终的阶段。在此阶段中，最终确定过程中的具体设备(和相关的供应商)和设备布局。这一阶段还包括：(1)完成最后的设计；(2)准备设备文件；(3)开发和试运行操作程序/指令；(4)制定和安排检查，测试，和预防性维护(ITPM)任务；(5)选择一个备件储备策略。详细设计阶段的产品，应该是一个可以成功地制造/安装、操作和维护的完整的规范的设备。在这个阶段侧重于分析设备的选型和配置，确保整个系统满足设计目标。开展设备级别的评估，以确定设备(和最终的各个分系统和整体系统)所需的性能是否是现实可行的，如果不可行，需要进行哪些更改和改进。在这个阶段完成设备选择的优化(基于设备成本、产品质量、设备可靠性相关的特性等因素)。除了设备的选型和配置，在这个阶段的分析将有助于确定：

- 导致关键系统(或组件)重大损失的因素；
- 制造/建造/生产可靠性的关键参数；
- 重要的操作极限和启动条件；
- 适当的计划的维修任务；
- 必要的备件/材料储备。

详细设计阶段和以前阶段相比，通常需要更多的分析，并倾向于使用多种分析技术。简单的技术(例如，检查表，what-if 分析)提供适量的解决方案，以评估特定的系统和特定设备的可靠性，而其他系统(例如，复杂，冗余系统)则需要更复杂的分析技术，如故障树分析(FTA)或常见原因失效分析。更详细和更复杂的分析只适用于有重大风险的领域或存在重大不确定性的领域(不论风险水平大小)。除决策必要之外，不需要进行更多的分析。第 11 章讨论了基于风险的决策工具。

附录 7B　供应商质量保证(QA)计划示例

设备完整性(MI)程序范围内的主要设备项(例如，一个新的压力容器)，公司可能会要求供应商制定和实施质量保证(QA)计划，以确保该设备使用前的质量。以下供应商质量保证(QA)计划，可作为公司审批新供应商的审核工具。供应商的质量保证(QA)计划可能有(但不限于)以下特点。

设计和制造规范声明。对于由我们的工作人员设计的设备，这种声明证实供应商充分理解了我们的说明。对于由供应商设计的设备，声明确保供应商已经正式制定了规范，并将我们的要求纳入了规范。

质量保证(QA)活动的定义和日程安排。本节确定了将促进/验证设备项质量的具体的任务。这些任务可能包括(如适用)：

- 材料质量验证；
- 工人资格/培训验证；
- 程序质量验证；
- 制作规范验证；
- 制造/制作过程的质量控制(QC)；
- 制造、制作、现场安装的无损检测(NDT)(尺寸检查，目视检查，硬度、超声，射线，性能，渗透，压力和磁粉测试等)。

质量保证(QA)活动的角色和职责的定义。本节规定了每个组织(即，供应商、本公司、供应商的分包商、独立承包商)在完成所需活动中的角色。其角色可能包括计划、执行、见证、评估和记录活动。

质量保证(QA)活动所需的文件清单。本节列出了我们的公司必须获得的文档，以确信供应商已适当地实施质量保证(QA)计划，且设备项的质量是可以接受的。这些文件可能包括(如适用)：

- 制造商的数据表(例如，美国机械工程师学会[ASME]压力容器表)；
- 物理特性数据表；
- 工厂测试报告；
- 材料检验报告；
- 焊接图；
- 压力测试表；
- 明显的缺陷及其解决方案的报告；
- 应力消除图表；
- 硬度检测；
- 冲击载荷值；
- 计算；
- 无损检测(NDT)解释结果；
- 竣工图；
- 铭牌复印件；
- 物料清单。

供应商负责开发质量保证(QA)计划(当公司有要求时)，并将完成的计划提交给我们以进行评议。我们负责采购的人员将审查该计划并对供应商提出意见。有责任感的公司的人员也将确保在设备投入使用之前，已完成计划中的要求。此人还应在设备投入使用之前，与供应商一起解决任何有关的质量缺陷，并确保本公司收到/归档所有必要的文件。

附录 7C 材质可靠性鉴别

选材不当，或材料被无意的替代，其后果可能是灾难性的。由于不正确的替代管道材料，曾经引发了一些严重的事故，其中很多事故是由于用碳钢代替铬合金造成的。在一个案例中，替换后不久就发生了灾难性故障；另一起案件中，灾难性事故发生在20年后。

努力控制用于化工过程中的建造材料，包括焊接材料，可以帮助防止事故，并产生经济效益。这样的控制通常被称为材料可靠性鉴别(PMI)。一个全面的材料可靠性鉴别(PMI)工作应通过各种手段纳入到公司的危害管理系统。材料的控制应从设计过程的材料选择阶段开始。材料的选择过程包括，材料在预期的暴露环境中的预期性能方面的经济考虑。材料可靠性鉴别(PMI)涵盖了材质状态的控制(即，机械的、物理的、耐腐蚀等方面性能)和材料成分(即，元素组成)的验证。

材质状态。热处理、机械加工、表面处理(或这些操作的组合)，可能对材料产生不利影响。在环境条件微变的情况下，可能会增加材料退化的敏感性，从而造成设备危害。

不恰当的材质状态是与材料相关的设备故障的常见原因，因为热处理、成型和制造方法的组合会导致大量的最终状态。当环境条件不同于材质选择过程中预期的环境条件，材料状态可能增加其退化的敏感性，进而会引起设备危害。材质状态控制措施的例子包括：(1)控制高温应用和易疲劳应用的材料的晶粒尺寸；(2)对冷弯奥氏体材料进行固溶退火处理，以提高耐应力腐蚀开裂的能力；(3)对服役于硫化氢环境的螺栓进行回火处理。

通过成分和物理外观分析一般还不能确定材质状态，要通过设计过程中的质量保证(QA)测试、材料规格、制造来管理因材质状态引起的设备危害。有时公司对材质状态的测量能力有限，因为测试通常需要取样以进行破坏性测试或专业技术分析，如硬度测试或金相检验。一般情况下，材质状态控制依赖于有力的工程和采购程序，来确保规定、订购、标示了正确的材质状态，并确保材料验收时亦提供了合适的工厂测试或设备制造文件。

材料组成。大多数公司可使用下述几种方法来完成材料组成的定量鉴定或某一特定合金的鉴别。典型的成分鉴定方法包括：

- 便携式X射线光谱，能确定大多数合金中的元素组成，并可以评估具体的合金牌号。
- 便携式光辐射光谱，能确定大多数合金中的元素组成，并可以评估具体的合金牌号。在氩气气氛中使用时，可以确定黑色金属材料和奥氏体材料的碳含量。
- 通过商业的或公司的测试实验室进行成分分析。

大多数公司可使用多种方法来完成冶金类型材料的排序或分类。典型的分类方法包括：

- 分类或排序的基本原则：

- 颜色——铜合金与白色金属；
- 密度——铝与镁，钛与钢；
- 磁学响应——强，弱，或无磁性反应，以确定黑色金属材料与奥氏体或镍基材料；

- 化学蚀刻可以确定一些金属和某些类型的表面涂层，处理试剂时需要小心；
- 电阻率测试，以确定广泛的材料类型，除了合金类型；
- 砂轮火花试验——一个有经验的操作者能够区分出黑色金属材料，并根据碳含量确定该金属是否可以焊接。

这些方法可以被指定作为日常的质量保证(QA)程序的一部分，或根据需要执行(例如，不良标识的填充金属的组分或没有辨识标识的在役材料)。

以认可的和普遍接受的良好的工程实践(RAGAGEP)为指导，建立正式的材料鉴定程序，作为该公司整体材料可靠性鉴别(PMI)做法的一部分，这些RAGAGEP可以在下面的材料中在找到：

- API RP578——新的和现有的合金管道的材料鉴定程序；
- 美国材料与试验协会(ASTM)E1476-97——金属鉴定标准指南，等级鉴定和排序系统。

这些文档提供了用于建立材料鉴定工作程序的基本元素的指导，其中包括(1)测试成分和检查水平；(2)测试方法；(3)验收标准；(4)材料标记；(5)测试文档；(6)材料不符合的解决方案。

此外，这些文件提供了证明差异的良好的做法，包括何时不需要对所有的引入材料进行具体的材料鉴定。如果工厂测试报告文档与代表样品的材料标记的物理鉴定一起在材料验收时提交，那么就不必材料鉴定了。当出现以下情况时，该文件建议对新的和现有的材料增加严格的或符合统计学的成分鉴定：

- 验证具体的合金的等级是必要的，或材料成分(如微量元素)特异性，对性能的影响显著。
- 材料的成本很高。

- 导致事故或未遂事故的起因中包括了“不正确的材料”。
- 公司和供应商有不愉快的经验(或缺乏经验)，或在公司中很少使用这种材料。
- 失效的后果很严重。
- 制造和安装的历史做法或记录文件表明材料控制和材料的可追溯性很差。

材料可靠性鉴别(PMI)做法。实施 PMI 做法，除了成分鉴定，能帮助确保正确的规定和使用建造材料，包括焊材。PMI 做法适用于任何设备完整性(MI)活动，旨在补充材料鉴定程序。PMI 做法包括程序控制和员工的意识活动，这些通常由厂内的技术人员开发和维护。PMI 有助于确保正确的选择、采购、验收、安装合适的工艺设备结构材料。典型的 PMI 程序和做法可能包括：

- 设备设计标准：

- 材料选择和流体相容性指南。

- 项目工程程序：

- 出厂检验；
- 组件检查和材料验证。

- 过程安全管理：

- 工艺安全信息；
- 工艺危害分析(PHA)；
- 变更管理(MOC)；
- 开车前安全审查(PSSR)；
- 质量保证(QA)程序。

- 维修工作控制：

- 维护作业计划，以确保同类替换或变更管理能得到审批。

- 承压设备的工程标准或程序：

- 质量保证(QA)手册(例如，ASME 制造或修理)；
- 公司的工程标准。

- 员工意识：

- 具备标准材料标记方面的知识(颜色编码和 ASTM 命名)；
- 具备制造规范和标准方面的知识；
- 基本的材料不兼容的知识(例如，氯化物溶液与不锈钢，黄铜合金与氨，高 pH 值环境与铝合金，碳钢与强酸/水溶液)；
- “有东西是不正确”的意识 - 外观，非标准的标记，焊接能力，或尺寸异常。

- 焊接程序和焊接验收程序：

- 对每个焊接作业程序进行技术批准；
- 填充金属鉴别和存储条件的控制。

- 采购控制：

- 下订单需要使用公认的和具体的材料命名，如统一编号系统；
- 材料验收时要求要提供适当的文件；
- 订购合金或特殊材料时要求技术审批。

- 仓库控制：

- 验收

确认材料标识与采购订单一致；

确认收到相关文件，如工厂测试报告。

- 存储

隔离合金；

颜色编码或其他标识；

控制可能导致退化的环境条件(环境中的氯或硫化物，积水等)。

- 出库

与工单或项目文件匹配；

未使用材料的返库程序。

附录 7D 服务承包商质量保证(QA)计划示例

服务承包商质量保证(QA)计划。对于那些在工厂的设备完整性(MI)计划覆盖范围内，由承包商进行的广泛的维护、检查、测试和建设活动(例如，检修期间发生的重大的工艺修改)，本公司可能会要求承包商制定和实施质量保证(QA)计划以确保他们的工作质量。可以使用下面的承包商的质量保证(QA)计划作为公司审批新承包商的审核工具。一个承包商的质量保证(QA)计划可能有(但不限于)以下特点。

工作范围的声明。对业主的工作计划，这声明表明承包商充分了解了业主的目标。对承包商的工作计划，此声明确保承包商已正式建立了他们的工作计划，并在计划中考虑到了业主的要求。

质量保证(QA)活动的确定和安排。本节明确了能促进/验证工作质量的具体的任务。这些任务可能包括(如适用)：

- 材料质量检验；
- 工人资格/培训检验；
- 程序质量检验；
- 制造规范检验；
- 制造工艺质量控制(QC)；
- 制造/现场安装过程中的无损检测(尺寸检查，目视检查，以及硬度，超声波，放射线，性能，渗透，压力，和磁粉测试，等等)；
- 对合格的监管者的职责的监督。

质量保证(QA)活动的角色和职责的定义。本节规定了每个组织(承包商、本公司、总承包商的分包商、独立承包商)在完成所需活动中的角色。其角色可能包括计划、执行、见证、评估和/或记录活动。

质量保证(QA)活动所需的文件清单。我们的公司必须获得本节列出的文档，以确信承包商已实施适当的质量保证(QA)计划，且工作的质量是可以接受的。这些文件可能包括(如适用)：

- 特定设备项目的质量保证(QA)活动文件；
- 工作完成检查表，包括机械竣工(例如，所有的组件和防护涂层/衬里安装)，电气竣工(例如，所有的电路和接地完成)，仪器竣工(例如，控制回路校准和联锁装置测试)；

- 材料鉴定报告；
- 系统完整性和性能测试报告；
- 明显的缺陷及其解决方案的报告；
- 消除应力图表；
- 计算；
- 无损检测(NDT)解释结果；
- 竣工图。

承包商(考虑来自所有分包商的输入)负责制定质量保证(QA)计划(如果业主要求)，并根据业主的意见提交完成的计划。负责雇佣承包商的业主代表将审查计划并向承包商提出意见。公司的相关负责人员也将确保在新安装的/改造的设备投入使用之前，该计划中的要求已经完成。业主代表还应在新的/改造的设备投入使用之前，与承包商共同解决任何质量缺陷，并确保本公司收到/存档了所有必要的文件。

8
设备缺陷管理

成功的机械完整性(MI)项目应包括对设备缺陷有效的识别和响应。确定设备缺陷通过以下几个方法：基于机械完整性活动结果对设备的评价，监测不合格设备的运行状况，或者监测正常操作条件下的设备运行状况。当设备的运行状况超出完整性所规定的范围限制时，则表明缺陷的存在。

在以下情况可以发现设备缺陷状况：(1)新设备的制造或安装验收过程中；(2)在使用过程中进行检查、测试和预防性维护(ITPM)活动；(3)检修设备期间进行监测。此外，当操作出现困难时(开始进行作业规程时)，操作人员可以观察到缺陷的第一次出现。如果没有常规设备评估及设备状况的后续评估，仍然难以发现设备缺陷状况。每个 MI 活动都应包括工作流程和程序，进行监测和检查，进行适当的评估，并记录观察和评估结果。同样，应该有一个工作程序，用于操作人员记录和报告可疑的设备缺陷。缺陷依然存在时，应在设备评估和后续评估的基础上决定设备是否可以继续运行(或暂时运行)。

8.1 设备缺陷管理流程

为了有效地对设备缺陷状况进行管理，必须实施程序，以确保下列活动开展：

- 建立合适的设备性能及运行状况验收标准；
- 定期评估设备状态；
- 缺陷条件的确定；
- 制定并实施适当的缺陷状况响应；
- 设备的缺陷传达给受影响的人员；
- 合理解决缺陷状况。

以下各节将论述上述的这些活动，但确保定期评估设备状态除外，这个主题已经在第 4 和第 7 章中作了详细的讨论。第 4 章讨论了通过 ITPM 活动对设备状况进行的常规评价，第 7 章讨论了建立质量保证(QA)活动，以评估设备的整个生命周期状况。在这些活动中，组织应考虑使用设备故障和根本原因分析(RCA)技术来识别设备缺陷的根本原因。(在 12 章中有较多的设备故障分析和 RCA 等相关信息)。

8.2 验收标准

建立验收标准的目的：(1)在设备缺陷状况已得到解决时(例如，在实施长周期纠正措施时)确保设备完整性，解决所有在设备评估过程中的不确定因素；(2)职责确认；(3)新设备的制造、安装或维修活动的标准。每个验收标准都要具体到每一种类型的设备及观察方法。不能够满足验收标准要求的设备的运行状况，不应作为可导致严重后果的直接威胁，而是应当指出设备状况的不足，并在设备完整性管理系统中重点关注。

图 8-1 说明了对于在役设备状况的观察，如何选择可接受的验收标准的概念。验收标准值应有所保留，使其足以提供进一步状况评估所需的时间，并调节设备处在特殊状况的不确定性(例如，在观察过程中设备可能不会显示处在最坏的情况下)。设备验收标准是基于经过验证的和普遍接受的良好的工程实践(S)(RAGAGEPs)，以及作为设备设计基础的工程计算。这些工程计算应记录在该设备的过程安全信息中。此外，在建立验收标准的时候，可以咨询专家(SME)(例如，检验员及机械、设备供应商)，也可以从多方面来源搜集需要的信息。表 8-1 提供了可用于确定验收标准的信息来源参考。此外，第 9 章也提到了许多适用于常见工艺设备类型的良好工程实践 RAGAGEPs。

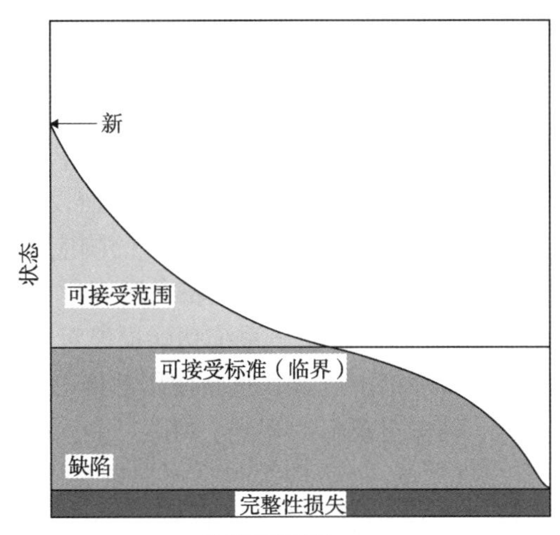

图 8-1 技术评估条件选择

表 8-1 验收标准

容器和储罐	• 检测标准及规范 • 竣工图 • 容器/储罐规范
管道	• 检测标准及规范 • 管道规范
仪表	• 使用说明书 • 仪表规范 • 专业协会(如仪表，系统，自动化协会[ISA])文件
转动设备	• 使用说明书 • 竣工图 • 设备规范
通用	• 使用说明书 • 设备规范

确定验收标准时，工作人员必须考虑各种可能发生的潜在的设备缺陷，并在可测量的设备状况基础上制定相应的验收标准。表 8-2 提供了常用类型设备的验收标准。验收标准既可以定量的也可以是定性的。此表信息覆盖了主要的设备类型和 MI 的全周期活动：(1)新设备的设计、安装、制造；(2)检查和测试；(3)检维修。

利用这些验收标准进行评估时，可以判断观察到的缺陷状况是否需要进行处理。建立验收标准时没有必要尽可能让设备处于运行状态，但是必须要知道在观测期间或观测之后设备运行的时间限制。这样就可以完成一份详细的评估。对于每个验收标准，如发现设备状况超出标准，都要求对所需采取的措施作出解释。例如，当承压设备被确定为壁厚过薄时，采取的操作往往包括重估、修理或更换容器，和进行性能适应性(FFS)分析，并设置新的验收标准(附录8A包含了API美国石油学会的FFS推荐做法和API推荐做法[RP]579 [参考文献8-11)。

8.3 设备缺陷识别

无论是当设备在役或退役，或之前设备曾投入使用，MI活动期间工作人员都要去识别相关的设备缺陷。设备对缺陷状况的响应是随时间变化的。响应的紧迫性取决于以下几个方面：(1)缺陷状况是否是当设备在运行过程中被识别的；(2)对设备完整性损失的关联程度(参见图8-1)；(3)安全系统功能损失对人员或资产风险的增大。对于非在役设备，则有必要定期的管理维护以及在重新使用前作一些一般的缺陷识别。

为了确保对缺陷的识别，MI项目中要有评估ITPM结果的程序。对于每一个活动，书面程序见(第6.4节)中都包括了验收标准和相关的行动(如进一步的评估，沟通，解决)，以支撑对观测结果(例如QA检查、ITPM任务结果的评价)的评估，并确保对设备缺陷进行完善的管理。

有时可能需要特定专业技术的人员来确认：(1)设备是否存在缺陷；(2)对于继续操作所应采取的适当的预防措施；(3)缺陷的最终解决方案。通常情况下，需要必要的具体的专业知识和适当的方法，用以评估有关于承压设备(例如，压力容器、储罐、管道)的更复杂的问题(例如，局部腐蚀、高于预期的腐蚀速率、可疑的焊缝)。此外，也需要特定的专业知识和适合的技术执行FFS评估。

8.4 对设备缺陷的响应

以下活动往往伴随着操作和安全风险：(1)设备在缺陷状态下持续运行；(2)在设备有缺陷的条件下将设备投入使用；(3)在有缺陷的情况下紧急关停设备。因此，应该对这些活动进行设备管理(最好有技术保障人员的支持)。此外，应该有相关书面程序和适当的方法，确保消除和控制相关设备操作的风险危害。对于用于设备缺陷处理的书面程序应包括以下内容：

- 危害和风险评估的方法；
- 工程管理审批部门临时的削减和纠正措施；
- 跟踪和关闭的临时削减措施；
- 通讯对受影响各方的危害的传达；
- 必要的培训，受影响的各方可采取的临时削减措施；
- 特定设备的文件。

最好通过工程和管理的方法去评估设备缺陷解决方案的风险。详细的风险水平评估应包括：(1)在书面程序中说明缺陷的复杂性并评估相关的风险；(2)为建立针对设备缺陷的临时削减措施和最终的纠正措施的时间和响应提供依据。设备缺陷响应是分阶段的，首先是定义问题(即一个特定的缺陷，识别和评估)，通过实施临时削减措施，最终采取纠正措施，使得缺陷问题得以解决。该设备的变更管理(MOC)和预启动安全审查(PSSR)系统可以用来记录响应方法的阶段和活动。

表 8-2 常见设备验收标准举例

设备	新设备制造及安装	检测及检验	维修
压力容器、储罐及管道	• 压力等级的设计和试验 • 焊接质量 • 三维公差对齐 • 建造材料 • 阀门的泄漏率 • 支撑件、管道、吊架的安装标准	• 每个压力边界部件的厚度要求 • 建筑支撑系统的评估要求 • 基础沉降限制 • 线性迹象公差 • 耐变形能力 • 泄漏	• 焊接质量 • 结构材料 • 三维公差对齐 • 压力等级的设计和试验 • 泄漏 • 支撑件、管道、吊架的安装标准
压力泄放阀	• 建造材料 • 设计压力和温度 • 救灾能力 • 储存条件 • 安装标准 • 泄漏	• 设置测试压力限制 • 拆卸前的测试限制 • 设定压力和排污公差 • 可视化检测(管道和 PRV) • 泄漏	• 建造材料 • 尺寸公差 • 安装标准 • 泄漏
仪表	• 建造材料 • 安装标准 • 元件校准 • 功能性能标准	• 元件校准 • 功能性能标准	• 建造材料 • 安装标准 • 元件校准
转动设备	• 建造材料 • 性能测试标准 • 压力测试要求 • 储存条件 • 安装标准 • 泄漏	• 振动限制 • 轴承或冷却液温度 • 移动速度 • 建筑支撑系统的评估要求 • 泄漏	• 焊接质量 • 结构材料 • 三维公差对齐 • 压力测试要求 • 安装标准 • 泄漏
消防设备	• 安装标准 • 压力测试要求 • 性能测试要求	• 性能测试标准 • 建筑支撑系统的评估要求	• 安装标准 • 焊接质量 • 建造材料 • 三维公差对齐
电气设备	• 与国家电气标准(NEC)的一致性的要求	• 断路器测试性能	• 与国家电气标准(NEC)的一致性的要求
燃气热水器	• 管道、支撑件、火炉的安装标准 • 焊接质量 • 管束、支撑件、耐火部件、仪表接头的制造材料	• 管束及仪表接头尺寸条件 • 管吊架弹簧设置 • 耐火条件	• 管道、支撑件、火炉的安装标准 • 焊接质量 • 管束、支撑件、耐火部件、仪表接头的制造材料

通常情况下，解决在役设备的缺陷问题应首先确定是否需关闭设备。当选择继续保持缺陷设备运行时，设备人员必须能够证明继续操作是安全的(即缺陷设备继续操作运行的风险是可以承受的)，决定继续操作的因素是可行的。如果决定让设备继续运行，可以通过各种可能的解决方

案以确保持续安全可靠地操作(直到设备更新或完全修复)，这些方案主要包括：

- 通过调整 ITPM 方法和时间表(例如，增加监测退化速度和损坏程度的频率)持续操作(例如，增加厚度测量的数量和范围，使用不同的无损检测[NDT] 技术)；
- 通过(1)采取临时削减措施以减少设备功能损失，确保其完整性；或(2)临时更改操作状况，以尽量减少退化率；
- 连续操作直到缺陷状况得以解决或设备更新或完全修复。(到时连续操作应该遵守技术要求，以降低设备退化速率，同时使设备可以在一个特定的时间内运行)；
- FFS 评估完成后设备继续运行，关于 FFS 更多详细信息可参考附录 8A。

停用设备缺陷问题的解决遵循同样的过程。在设备管理中必须明确在缺陷问题得到解决之前是否能将设备重新投入使用。采用类似的解决方法，以确保设备安全、可靠运行。经过风险评估，停用设备缺陷问题解决方法可以采用上述在役设备的方式，或以下方式：

- 立即修理或完全修复缺陷问题；
- 延迟启动直至完成评估，以确认 FFS；必要时，需确定维修或其他解决方式的范围。

对于某些类型的设备缺陷可采取的临时措施，包括紧固或其他形式的带压堵漏、新的管道迂回、或其他的过程泄压保护。采用临时削减措施或其他临时变更(例如，放置在旁路的安全系统，备用消防或气体检测手段，没有备用设备或使用临时设备的操作)需要做技术审查和文件记录，包括拆除临时措施和技术重新评估的时间表。这样的技术审查或重新评估可以作为是缺陷解决过程的一部分，并对临时措施做跟踪，直至取消。停用设备的缺陷问题识别应根据质量保证程序进行，并记录在设备信息文件中，这样可以使用 MOC 和 PSSR 程序管理这些设备缺陷。

8.5 设备缺陷的传达

为确保不发生事故，将设备缺陷传达到受影响的人员是至关重要的。受影响的人员主要是操作人员，但维修保养及供应商或合同工也需要知晓设备的缺陷问题。在设备缺陷周期中以下三点需要做好信息交流：

- 即时危害和初步反应。对于设备缺陷，通过设备故障(例如，泵用机械密封件失效)，发现缺陷问题的工作人员必须明白要及时传达给可能受危险(如火灾，释放的有毒物质)影响的人员(如在该地区的人员)和需要采取降低危险的行动(例如发出疏散警报，关停泵)。
- 缺陷设备的状态。对于关闭的设备和缺陷状态下运行的设备(无论是否临时性维修)，设备更新状态应及时传达给相关人员。此外，也必须清楚地传达关于操作缺陷设备(例如，由于容器再定级导致其在较低的压力下运行)的预防措施(如有的话)。
- 缺陷设备恢复到正常的运行状态。当设备缺陷经完全修复，必须通知相关人员设备何时恢复正常运行。

即时危害的传达和最初的响应通常是由设备的应急响应程序确定。可以在设备缺陷日志或位置的变更管理项目中找到缺陷设备的状态及缺陷设备恢复到正常的运行状态。

8.6 设备缺陷的永久修正

有时企业会发现，针对设备缺陷的临时性维修可能演变成“持久维修”，这可能导致灾难性事件的发生。顾名思义，临时性维修，是不适合长周期维修的。应对这一趋势的最好方法是建立一个用于跟踪缺陷设备临时性维修的系统。通常情况下，设备缺陷过程中使用以下跟踪临时性维修的系统：

- 针对临时变更的 MOC 程序；
- 设备缺陷记录和表单；
- 设有设备缺陷标志的计算机维修管理系统(CMMS)。

对于批量操作，临时性维修往往可以在批量结束后得以纠正。但是，纠正针对连续操作的临时性维修可能存在一些问题。因此，在设备缺陷解决过程中，针对临时性维修的操作必须在下次停工之前结束。另外，系统应允许人员很容易地识别临时性维修，使得他们可以在计划外的停工时对其进行纠正。

8.7 缺陷管理的任务和职责

缺陷管理的任务和职责可以被分配到各部门的工作人员。建议建立一个等级较高的程序，它描述了用于解决设备缺陷的管理制度和审批机构。

通常情况下，维护人员、涉及工程与运营的部门将参与到设备的缺陷管理中。外来人员，如承包商，也有可能参与。表 8-3 中提供了缺陷管理的任务和职责举例。矩阵中指定负责该活动的人员为“R”，“A”表示责任方中的审批者或决策者，“S”表示责任方完成活动的技术支持人员，“I”表示活动完成或延迟时要告知的人员。

参考文献

8 1 American Petroleum Institute, *Recommended Practice for Fitness-For-Service*, API RP 579, Washington, DC, 2000.

附录 8A 在役运行适应性(FFS)

对存在缺陷的承压设备进行 FFS 评估，以确定其是否能继续正常运行，即输入所需的参数，或者将其恢复到正常运行状态。(注：本附录提供了 API RP 579 的一个简短的概述。在研究和执行 FFS 评估时，我们推荐参考 API RP 579)。FFS 对于承压设备的评估通常包含对在检测过程所发现的设备缺陷问题的解决。FFS 评估也可以用来制定检查验收退化状态的标准，如用于评估焊接部分大面积的金属损耗、承压组件的金属的缺陷或裂缝等。在设备的原始档案不可用的时候(例如，制造商的数据报告，表 U-1A)，FFS 评估还可以用来作为判断设备是否适用于运行的备用设备文件。

设备的运行状态超出既定的设备完整性(验收标准)的限制时，就可能形成设备缺陷。

表 8-3 设备缺陷解决方案的角色职责矩阵示例

活动	检测维护人员						工程人员			操作人员			其他人员				
	维护经理	维护工程师	维护监理	检测人员	维护技术人员	维护计划或日程制定人	工程经理	项目工程师	工艺工程师	装置监理	生产监理	操作工	装置经理	EHS经理	过程安全协调人	承包商	设备供应商
识别验收标准																	
• 新设备		S		S	S		A	R					I		I	S	S
• 运行中的设备		R		S			A	S	S		I		I		I		
识别缺陷设备																	
• 新设备		S		S			S	R					I		I		
• 运行中的设备	S	R		S	S		A		S		A	S	I		I		
对设备缺陷的响应																	
• 新设备		S		S	S		A	R					I		I	S	S
• 运行中的设备	S	R		S			A		S	S	A	S	I	I	I		
跟踪设备缺陷的完成																	
• 新设备				S	S			R					I		I		
• 运行中的设备		R		S	S		S		S		R	S	I	I	I		
设备缺陷的传达																	
• 新设备								R					I		I		
• 运行中的设备	R	S	S	I	I	I	S		S	R	S	I	I	I	I		

通常情况下，工作人员是在检查或维修活动时发现承压设备的缺陷的。当然，检查新设备的制造和安装时也可以发现缺陷，如凿槽或凹痕。这些缺陷依照该设备的设计和制造规范可能是难以解决的。因为交货时间和业务中断的缘故，设备运输、交付过程也可能导致相关的设备缺陷，作为评估这些可能的缺陷隐患的辅助工具，API RP 579 提供多种承压设备中常见的退化模式及多种常用的标准化技术评价方法，API RP 579 将 FFS 评估定义为“对存在缺陷和损坏的在役部件结构完整性进行阐述的工程评估”，基于所述设备的退化状态的程度和幅度，FFS 评估方法论提供了要求更加严格精确的工程技术手段或工具。

FFS 的范围和目的。通过检测来表征在役承压设备的状况，使相关人员能预测设备的剩余使用寿命。人们制定了一系列针对设备的例行检查，以发现设备退化的迹象，而不是为了找出最大的退化之处，这些退化的迹象值得跟进调查。检查后，基本的评价标准首先用来判断检查结果以确定设备是否适合于运行。但是，对存在隐患领域的评估，可能需要更多的超出原有基本制造检查标准所要求的分析。

使用 API RP 579 进行 FFS 评价，适用于遵循国家认可的设计和制造规范或标准(例如，美国机械工程师学会[ASME]BPV 规范，ANSI/ASME B31.3，API 620，API 650)的压力边界组件，如金属压力容器、管道和储罐等。FFS 评价须在熟悉使用规范要求的工程师监督下执行。

FFS 评估可能导致或影响到一系列后续活动，如从设备在已有安全操作限制条件下继续服役到发现问题进行设备修复和更换等。FFS 评估的常见结果包括：

- 在降低的压力温度条件下运行；
- 降低储罐最大填充高度；
- 更改运行条件或提供运行过程中的保障措施，防止进一步的危害；
- 识别并加强运转条件监控(CM)的频率以确定：(1)退化模式是否发生；(2)退化速率；
- 减少使用寿命或提供一个有时限的补救计划；
- 通过检查标准，确定所限的修复范围。

此外，FFS 评估为用户提供很多关于压力容器的有价值的信息，以及对设备检查和维护工作的规划安排。这些信息包括：

- 设备的设计基础文件，包括所使用与监管规定相一致的文件，确定该设备继续操作是否安全；
- 后期的检查验收标准；
- 设备更换或维修延期的原因；
- 重估，修改，修复或更换设备的选择；
- 剩余设备的使用寿命预测；
- 后期的检验要求。

FFS 评估方法。

如 API RP 579 所述，对于承压设备 FFS 方法讨论了 9 个设备损坏或缺陷条件，适用于压力容器、管道和储罐。API RP 579 中讨论的损坏或缺陷的条件是：

- 脆性断裂；
- 一般的金属损失；

- 局部金属损失；
- 点蚀；
- 水泡和叠片；
- 焊接错位和外壳的扭曲；
- 裂纹状缺陷；
- 在蠕变范围内的设备运行；
- 用火伤害。

对于每种损坏和缺陷条件，评估技术和技术验收要求在FFS评估的三个层次上都做了描述，三个层次的评估精确性及复杂性逐级递增。在精确性上的递增主要关联到：(1)额外检测数据的数量和详细程度；(2)需要的专门知识。这三个层次评估的设计，如果可能的话，只需要最小量分析工作就达到可接受的结果。完成FFS评估所需的工作量是与设备退化严重程度、设备修复的经济性和必要业务中断的经济性相一致的。通常情况下，熟悉的设备制造规范的工程师和检验员可以执行水平1级的FFS评估计。2级和3级评估则要求个人在断裂力学、无损检测(NDT)、材料科学、结构工程中的专业知识。2级分析需要与1级分析类似的信息，但要使用更精细的计算。3级分析通常是一个数字有限元模型，要求评估人员具备第2级评估的专业知识，同时也熟练数字模型的安装、运行和结果的解释。

对于每种损坏或缺陷的条件，都要对执行FFS评估的特定损伤程序进行研究。针对部件的每个损伤条件，API RP 579给出了执行FFS评估的八步程序：

(1) 缺陷和损伤识别机制；

(2) FFS评估程序的适用性和局限性；

(3) 进行FFS评估所需要的数据；

(4) FFS评估方法和验收标准；

(5) 剩余寿命评估；

(6) 设备或部件维修；

(7) 组件或设备的在线监测；

(8) FFS评估的文件和记录。

在API RP 579中没有明确包括缺陷及损伤机理的识别。在FFS评估中，该步骤包括对所采用检查技术所取得结果的理解，以便能正确地表征的损伤状况。API RP 579提供了一个RAGAGEPs列表，有助于对损伤和缺陷的机制识别和特征表现。(此外，API RP 571，《影响炼油工业固定设备的损伤机制》，提供了固定设备损伤机理的其他信息)。

对于每种缺陷和损伤机制的识别，API RP 579提供了从步骤(2)~步骤(8)的具体指导。这些步骤的数据要求和文件要求与典型的在役设备检查计划中的要求是相似的。

9
特定设备完整性管理

本书的前几章关注于设备的机械完整性(MI)程序的纲要方面(例如，管理活动与系统)。本章则详细提供了通用类型设备的 MI 程序信息。这些信息为设备人员管理特殊设备部件(包括在 MI 程序中)的完整性，提供了指导和建议。特别是，本章中包括的信息能够为设备在选择检查、测试及预防性维修(ITPM)作业中提供帮助(见第 4 章)，并识别合适的质量保证(QA)活动(见第 7 章)和初期恰当的设备维修(如第 8 章提到的缺陷纠正)。

本章许多内容描述了不同类型设备可能需要的特定设备的程序、培训和/或任务，并记录在一系列的矩阵中。每个矩阵都由第 1 章介绍的设备完整性的四个阶段组成，每个阶段的目标解释如下：

(1) 新设备的设计、制造和安装。本阶段，所有的活动都应聚焦于确保新设备满足其预期的使用效果，因此本阶段活动中的许多活动都直接与设备 QA 活动有关，正是第 7 章讨论的设备寿命周期的早期阶段。

(2) 检查与测试。本阶段，主要工作是确保设备或设备安全设施功能的持续完整性而指定的检查和测试的时间间隔。这些活动包括在第 4 章所讨论的 IPTM 计划中。

(3) 预防性维修。本阶段中，主要工作是预防设备及其部件的过早失效，包括应该进行的维护工作(如润滑油)、检查和更换磨损的部件。这些活动也是第 4 章所讨论的 ITPM 计划中的一部分。

(4) 维修。本阶段，主要工作是应对设备的故障、维修和将设备返回到适合其预期使用的状态。这些维修活动与第 8 章提到的设备缺陷纠正做法相似。

在矩阵中，上述四个阶段被分为不同的专栏，并提供每部分的具体信息。这些信息已经被分为如下几类：

(1) 示范活动与典型周期。在 QA 工作中已经为某一类型设备列举了其设计、制造、安装的具体步骤以及这些周期的时间安排。在检查、检测和预防性维修(PM)阶段中，示范活动和典型周期为这种设备提供了典型的 ITPM 计划所需要的信息。维修阶段中列举的工作包括通常维护与一些维修质量保证活动。

(2) 活动和周期的技术基础。提供了有关法律法规、规范和标准的要求，或者其他用于证明活动和周期是正当的有代表性的基本原理。(例如，一般的行业惯例，制造商的推荐)。

(3) 验收标准资源。为 MI 活动提供典型的验收标准信息资源。

(4) 典型故障影响。列出了会影响到设备完整性的一些设备缺陷。

(5) 员工资质。提供了一般和具体的执行活动人员的资格要求。

(6) 程序要求。信息概括了几种典型提升各个阶段的程序和一般程序的内容。

(7) 文件要求。列举了从活动中创建出的典型文件和建议保留的文件。此外，建议提供关于意外活动的文件记录。

本章的以下各节分别包含如下不同种类装备的典型矩阵：

- 固定设备;
- 降压及排气系统;
- 仪器仪表与控制;
- 转动设备;
- 加热设备;
- 电气系统。

此外,每个部分还提供了:(1)设备类中所列出的特殊类型装备;(2)公认及被普遍接受的良好的工程实践(RAGAGEPs)的相关信息;(3)讨论事项(例如,设备类的常用信息或矩阵中未包含的详细信息)。

本章中包含的消防系统和杂项设备这两项的相关信息本章都给予了阐述,并且提供了特定设备之间的相关信息;但是,这些信息并未包含在矩阵中。矩阵中未收录消防系统是因为其发布的大量信息是大多数工作人员早已了解并接受的。此外,消防系统具体的 ITPM 活动通常由具有权限的组织所提供(如当地消防部门,保险公司)。第二,杂项设备的详细矩阵本书也未收录,因为这些系统中存在着大量不同设计和问题。此外,本书提供了一些 RAGAGEPs 的实用性信息以及关于 MI 活动的简短讨论。

9.1 固定设备

大多数类型固定设备的设计、检查和测试要求都是基于 RAGAGEP 所管理的。为固定设备发行 RAGAGEPs 的早期组织包括美国机械工程师协会(ASME),美国石油学会(API)和国家锅炉和压力容器检验局(NBBPVI),表 9-1,表 9-2,表 9-3 分别为压力容器,常压及低压储罐和工艺管道提供了一些更为通用的 RAGAGEPs 的简单概要。此外其他的 RAGAGEPs 已被开发运用于确定的应用程序以及特定的化学用品。其中包括美国国家标准协会(ANSI)-k61.1,在使用无水氨过程中应遵循“贮藏和处理无水氨的安全要求”,以及氯气协会(CI)为氯气使用过程和国际氨制冷协会(IIAR)为氨气制冷装置而开发的代码和标准。

表 9-1 压力容器的 RAGAGEPs

出版组织	文件		适用范围
	编号	标题	
API	API 510	压力容器检验规范:维护、检验、评估、修理和改造	涵盖了压力容器维护、检验、修理、改造和重新评估的程序
API	推荐做法(RP) 572	压力容器检验	涵盖了压力容器的检验
API	ANSI/API 660 或国际标准化组织(ISO) 16812	炼油厂通用的管壳式换热器	定义了管壳式换热器机械设计、材料选择、制造、检验、测试和装运准备的最低要求
ASME	ASME 规范 Section VIII	ASME 锅炉和压力容器规范(BPVC),非加热压力容器	规定了内部或外部操作压力超过 15psig 的压力容器设计、制造、检验、测试和检定的要求
NBBPVI	国家局(NB)-23	国家局检验规范	规定了锅炉、压力容器、管道、减压阀在役检验的规程和导则。也规定了承压部件修理、改造、重新评估的规程和减压阀的修理规程

表 9-2　常压和低压储罐的 RAGAGEPs

出版组织	文件		适用范围
	编号	标题	
API	RP 575	常压和低压储罐的检验	涵盖了设计操作压力从常压到 15 psig 的常压和低压储罐的检验
API	620	大型、焊接、低压储罐的设计和施工	涵盖了大型、焊接、低压碳钢地上储罐的设计和施工，包括有单一垂直回转轴的平底罐。适用于气体空间压力不超过 15psig 的储罐
API	650	焊接钢质储油罐	涵盖了地上、垂直、圆柱形、封闭和敞口、焊接钢质储罐的材料、制造、安装、测试的要求。适用于内部压力近似为常压的储罐
API	653	储罐的检验、修理、改造和重建	涵盖了钢质地上储罐的检验、修理、改造和重建

表 9-3　工艺管道的 RAGAGEPs

出版组织	文件		适用范围
	编号	标题	
ANSI	ANSI/AMSE B31.3	B31.3 工艺管道	规定了管道材料和部件设计、制造、装配、安装、检查、检验、和测试的要求
API	API 570	管道检验规范：在役管道系统的检验、修理、改造、重新评价	规定了在役金属管道检验、修理、改造、重新评价的程序
API	API RP 574	管道系统部件的检验做法	涵盖了管道、管路、阀门(不包括控制阀)及配件的检验做法。本文件是 ANSI / API 570 的补充
NBBPVI	NB-23	国家局检验规范	规定了锅炉、压力容器、管道和减压阀的在役检验规程和导则。也规定了承压部件修理、改造、重新评估的规程和减压阀修理的规程

通常情况下，为了确保固定设备部件的结构完整性，RAGAGEPs 包括了设计、检查和测试的要求。然而，多数情况下，这些文件并不包括确保过程安全的工艺性能要求，这些工艺性能要求可能是很重要的。因此，为了确保过程的安全性，额外的设计考虑、检查与测试也是必要的。常见例子包括：

- 洗涤器设备的性能测试与监控。
- 当热交换设备未能充分移出热量，设备存在过程安全隐患时的性能测试与监控。(例如，在放热反应中移出热量)。
- 在输油装备回转接头处的润滑，以确保接头的密封。

对于玻璃纤维容器、储罐或是其他设备的设计、制造与测试要求通常包含于一些由 API，ASME 和美国测试与材料国际协会(ASTM)发行的 RAGAGEPs 之中。但是，这些 RAGAGEPs 一般不会提供正在服役设备的检查与测试的具体指导。对于玻璃纤维构建设备常见的 RAGAGEPs 有：

- ASME 第 X 部分——玻璃纤维加强型塑料压力容器；
- API 第 12P 细则——玻璃纤维加强型塑料储罐的规格；
- ASTM D3299——玻璃纤维加强型，纤维环绕式耐化学腐蚀塑料储罐；
- ASTM D2563——积层板可见缺陷分类的推荐做法；
- ASTM D2583——压痕法使用巴氏压头测试硬质塑料硬度。

在设施(例如油罐车，槽罐车)上保持静止的运输设备应当被视为一类包含于 MI 系统中的特殊的“固定设备”。在美国，交通运输部门(DOT)条例（联邦法规条例【CFR】第一章，分章 C，第 49 条)对此类设备的设计、检查与测试有明确的要求。对于大部分组织来说，原材料运输公司或油罐车/槽罐车的业主都有责任确保此类设备的完整性。因此，大部分设施唯一需要确保的是设备要符合 DOT 条例。

表 9-13 和表 9-14(第 9.9 节)分别描述了压力容器(包括柱状容器、过滤器和热交换设备)和管道系统的 MI 活动矩阵。

9.2 降压与排气系统

大部分类型降压设备的设计、检查与测试要求都是基于 RAGAGEPs 所管理的。有降压装置安装的固定设备的 RAGAGEPs 之中(例如，压力容器，常压储罐)通常包括这些要求。ASME，API，NBBPVI，和美国国家防火协会(NFPA)是最早的一些为降压装置发行 RAGAGEPs 的机构。表 9-4 中提供一些对常见降压装置(例如，降压阀【PRVs】、爆裂片、和真空降压阀)的 RAGAGEPs 简要总结。此外，“化工过程安全中心”(CCPS)出版的《使用 DIERs 技术的紧急降压系统设计》一书为包含反应物质和两相对流情况的降压系统提供了指导。

此外，其他 RAGAGEPs 已被开发利用于确定的设备和化学品。其中包括：(1) ANSI-K61.1 使用无水氨的过程；(2)氯气协会为使用氯气过程开发的代码与标准；(3)为氨制冷设备设立的 IIAR 标准；(4)压缩气体协会和实验保险公司(UI)为选择应用程序所开发的标准。一些 NPFA 标准和职业安全与健康管理局(OSHA)条例为降压装置的设计与维护提供了指导，但是，此类标准通常引用了其他 RAGAGEPs 的要求。

其他降压设备(例如，着火/爆炸防止装置、紧急通风口、通风头、热氧化器)的 RAGAGEPs 并未被广泛的发布。很多时候，设计标准通常被其过程以及制造商提供的准则所决定。此外，此类设备的 ITPM 活动通常基于制造商的建议、操作经验及知识的相互结合。

工厂联合研习会(FM)、UL 和 ASTM 国际协会已经发布了测试与批准防火/防爆装置安装的标准/指导。此外，美国海岸警备队(USGG)对船用蒸汽控制器开发了一些规定：(1)对航海设施提供安装防爆防火装置的要求；(2)测试与运行此类装置的指导。CCPS 出版的《灭火与防爆装置》一书在装置设计、安装、检测与维护方面都提供了的有用信息。

与泄压通风系统相关的管道(例如，通风管道、放空管道、热氧化管道)的典型设计、制造与安装应与化学工艺管道标准 ANSI/ASME B31.1 相一致。特殊的设计问题，例如允许压力降低和支持的要求以及免除管道堵塞的问题，都被定义为适用的调节装置的 RAGAGEPs(例如，API 推荐实践【RP】572，第二部分)。泄压通风系统管道的检测应满足管道检测规程 API570 的要求。

表 9-4 泄压装置的 RAGAGEPs

出版组织	文件		适用范围
	编号	标题	
ANSI/ASME	ANSI/AMSE B31.3	B31.3 工艺管道	规定了管道材料和部件、设计、制造、装配、安装、检查、检验、和测试的要求
API	API 510	压力容器检验规范：维护、检验、评估、修理和改造	涵盖了石油化工过程工业使用的压力容器维护、检验、修理、改造和重新评估的程序。也涵盖了泄压装置的检验和测试
API	API 520	炼油厂泄压装置的大小、选择和安装，Part I，大小和选择，Part II，安装	涵盖了最大允许工作压力为 15psig 或更大设备泄压装置的大小、选择和安装
API	API 576	泄压装置的检验	介绍了自动泄压装置检验和修理的做法，包括压力安全阀(PSV)，导阀控制的减压阀，爆破片，负重式压力真空排空阀
ASME	ASME B&PV Code，Section	ASME-BPVC 动力锅炉	规定了动力、电力、小型锅炉所有制造方法和减压保护的要求，以及应用于固定服务的高温热水锅炉
ASME	ASME B&PV Code，Section IV	ASME-BPVC 加热锅炉	规定了用于低压服务的油、气、电、煤直接加热的蒸汽锅炉和热水锅炉设计、制造、安装、检验的要求。也涵盖了检查安全阀和安全减压阀能力的方法
ASME	ASME B&PV Code，Section VIII	ASME-BPVC 压力容器	规定了内部或外部操作压力超过 15psig 的压力容器设计、制造、检验、测试和安装的要求。也规定了压力容器泄压装置的要求
NBBPVI	NB-23	国家局检验规范	规定了锅炉、压力容器、管道和减压阀在役检验的规程和导则。也规定了压力保持部件修理、改造、重新评估的规程和减压阀修理的规程

表 9-15(第 9.9 节)为减压阀(PRVs)提供了一个 MI 活动矩阵。

9.3 仪器仪表与控制

API 和仪器、系统和自动化协会(ISA)发布的 RAGAGEPs 为部分仪器统一了设计、检查与测试的要求。此外，ASME 和 NFPA 已经发布了适用于燃器管理系统的规范。表 9-5 提供了对于仪表与控制系统常用 RAGAGEPs 的简要总结。CI、IIAR 和 ANSI-K61.1 发布了其他的 RAGAGEPs，尤其是，CI 的一些出版物概括了氯气监测系统的要求(参考文献 9-1)，还有 IIAR 标准和 ASNI-K61.1 分别为氨制冷和无水氨装置提供了仪表与控制的详细信息。

除了在表 9-5 中所列出的 RAGAGEPs 之外，ISA 还发布了一些为仪表与控制系统设计和维护提供信息的其他出版物。CCPS 出版的《化工过程自动化的安全指导》一书也都包含了安全仪表系统(SISs)的设计与维护的有关信息。

表 9-5 仪器仪表和控制系统的 RAGAGEPs

出版组织	文 件		适 用 范 围
	编号	标题	
API	RP 551	工艺测量仪表	规定了更为普遍使用的测量和控制仪器及相关配件的安装程序
API	RP 554	工艺仪器仪表和控制	涵盖了性能要求和对过程仪表和控制系统的选择、规格、安装、测试的考虑
API	API 555	工艺分析	解决了分析仪器的辅助系统、安装、维护
ASME	CSD-1	自动加热锅炉的控制和安全装置	涵盖了燃气、燃油、油气混合、电直接加热式自动运行锅炉的控制和安全装置的装配、维护和操作的要求
IEC	IEC 61508-SER	电气/电子/可编程电子安全相关系统的功能安全	阐述了系统所有安全寿命周期活动的通用方法，该系统包括用于执行安全功能电气/电子/可编程电子部件
ISA	ISAS84.01	过程工业中 SISs 的应用	规定了 ISISs 设计、安装和维护的安全寿命周期和要求
ISA	ISA-TR-84.00.02 Parts 1through 5	安全仪表功能（SIFs）-安全完整性等级(SIL)评估技术	本系列涵盖了不同的评价技术，可用于确定是否满足了 SIF 定义的 SIL 要求的特定 SIS 设计
ISA	ISA-91.00.01	应急停车（ESD）系统的鉴定和控制，对过程工业安全维护至关重要	规定了确定安全关键的 ESDs 和控制的一般要求，以及确定仪表仪器维护的一般要求
NFPA	NFPA 85	锅炉和燃烧系统的危害规范	讨论了降低燃烧系统危害的基本原理、维修、检查、培训和安全管理

表 9-16(第 9.9 节)是关于 SISs 和紧急制动(ESDs)的一个 MI 活动矩阵。随书关盘也收录了此类矩阵和有关于下列种类仪表与控制的附加矩阵：

- 关键过程控制系统；
- 紧急报警与联锁系统；
- 有毒化学品的监控与检测系统；
- 易燃区域的监控与检测系统；
- 电导率，PH 值等过程分析仪；
- 燃器管理系统。

9.4 转动设备

大部分可用于转动设备的 RAGAGEPs 通常涵盖了其设计、制造与安装过程，只有极少一部分的 RAGAGEPs 适用于 ITPM 活动。因此，许多检查与测试的要求都来源于制造商的建议、通常的行业惯例(例如振动分析)、操作经验和历史记录。此外，一些企业利用分析技术，例如以可靠性为主的维护(RCM)，来为转动设备制定 IPTM 活动。

ANSI、API 和液压协会(HI)为泵、压缩机、风机、发电机、变速箱等发布了常用的 RAGAGEPs。表 9-6~表 9-9 分别提供了一些由 ANSI 和 MI 为泵、压缩机、发电机和变速箱发布的常用 RAGAGEPs 的简要总结。

IIAR 还发布了含有标准与公告的其他可用 GARAGEPs，其中一般都包括了有关氨制冷设备的设计、安装、检查与维护的详细信息。此外，NPFA 70《国家电力手册》，以及 NFPA 70B《电器设备维护的推荐惯例》提供了电动机的设计、检查和测试要求。

表 9-17(第 9.9 节)为泵提供了 MI 活动矩阵。

表 9-6 泵的 RAGAGEPs

出版组织	文件		适用范围
	编号	标题	
ANSI	ANSI/ASME B73.1	化工过程卧式端吸离心泵的规格	涵盖了卧式、端吸单级、中心排放的离心泵设计。包括尺寸互换性的要求和便于安装及维护的特定设计特色
ANSI	ANSI/ASME B73.2	化工过程垂直直列式离心泵的规范	涵盖了立轴、吸入和排出喷嘴式单级电动离心泵的设计。包括尺寸互换性的要求和便于安装及维护的特定设计特色
ANSI	ANSI/ASME B73.3	化工过程非密封卧式端吸离心泵规范	涵盖了水平、端吸单级、中心排放无密封离心泵的设计。包括尺寸互换性和便于安装及维护的特点
API	610	石油、石化和天然气工业的离心泵	离心泵的特定要求，包括反向运转的水力透平机
API	674	正位移泵-往复	涵盖了正位移泵往复距离的最低要求
API	675	正位移泵-控制容积	涵盖了正位移泵控制容积的最低要求
API	676	正位移泵-旋转	涵盖了正位移泵旋转的最低要求
API	681	液环真空泵和压缩机	规定了液环真空泵和压缩机基础设计、检验、测试、装运准备的最低要求
API	682	离心式旋转泵的轴密封系统	提出了离心式旋转泵轴密封系统的要求和建议

表 9-7 压缩机的 RAGAGEPs

出版组织	文件		适用范围
	编号	标题	
ANSI	ANSI/ASME B19.3	过程工业压缩机安全标准	涵盖了压缩机在超压、破坏性机械失效、内部燃烧或爆炸和有毒或易燃介质泄漏时，防止发生事故的安全装置和保护设施的要求
API	617	石油、化工及天然气工业使用的轴流、离心式压缩机和膨胀压缩机	涵盖了处理空气或油气的离心式压缩机的最低要求
API	618	石油、化工和天然气工业使用的往复式压缩机	涵盖了处理工艺气体或油气的润滑或非润滑气缸的往复式压缩机的最低要求
API	681	液环真空泵和压缩机	规定了液环真空泵和压缩机基础设计、检验、测试、装运准备的最低要求

表 9-8 汽轮机的 RAGAGEPs

出版组织	文件		适用范围
	编号	标题	
API	616	石油、化工及天然气工业使用的燃气轮机	涵盖了机械驱动、电机驱动或工业燃气驱动使用的开放式、简易式、回热循环燃气轮机单元的最低要求
API	611	石油、化工及天然气工业使用的通用蒸汽轮机	涵盖了通用汽轮机的基本设计、材料、相关润滑系统、控制、辅助设备和附件的最低要求
API	612	石油、石化和天然气工业——蒸汽汽轮机——特殊用途的应用	针对特殊用途蒸汽轮机的设计、材料、制造、检验、测试和装运准备，指定了要求并给出了建议

表 9-9 风机和变速箱的 RAGAGEPs

出版组织	文件		适用范围
	编号	标题	
API	673	特殊用途的风机	涵盖了连续运行离心风机的最低要求
API	613	石油、化工及天然气工业使用的特殊用途的齿轮单元	涵盖了特殊用途、封闭、精密、单螺旋和双螺旋、平行轴设计的一级和二级加速器和减速器的最低要求
API	677	石油、化工及天然气工业使用的通用齿轮单元	涵盖了通用的、封闭、单级和多级齿轮单元的最低要求，包括平行轴螺旋和直角锥齿轮

9.5 加热设备

适用于燃烧设备的 RAGAGEPs 根据应用可以归类为：(1)锅炉；(2)燃烧加热器和加热炉。ASME 的《锅炉与压力容器规范(BPVC)》中的第一和第四部分给出了锅炉的设计要求，NBBPVI 的 NB-23 给出了检查与测试的要求。API 为过程工业中使用的燃烧加热器与加热炉发布了大部分的 RAGAGEPs。表 9-10 列出了一些燃烧加热器和加热炉的常用 RAGAGEPs。

NFPA 和一些工业保险公司也发布了燃烧加热器和加热炉设计、安装与维护信息的文件(见表 9-2~表 9-8)。尤其是，NFPA 也为解决加热炉某些特殊的应用撰写了一些规范。燃烧控制系统对于锅炉，燃烧加热器和加热炉来说是一个关键因素；上述系统的内容已在本章的仪表与控制部分提供(见 9.3 节)。

表 9-18(第 9.9 节)为锅炉、燃烧加热器和加热炉提供了 MI 活动矩阵。

表 9-10 燃烧加热器和加热炉的 RAGAGEPs

出版组织	文件		适用范围
	编号	标题	
API	673	特殊用途的风机	涵盖了连续运行离心风机的最低要求
API	613	石油、化工及天然气工业使用的特殊用途的齿轮单元	涵盖了特殊用途、封闭、精密、单螺旋和双螺旋、平行轴设计的一级和二级加速器和减速器的最低要求

续表

出版组织	文　件		适　用　范　围
	编号	标题	
API	677	石油、化工及天然气工业使用的通用齿轮单元	涵盖了通用的、封闭的、单级和多级齿轮单元的最低要求，包括平行轴螺旋和直角锥齿轮
API	535	炼油厂通用的火焰加热炉	规定了火焰加热炉的选择和评估的指南
API	560	炼油厂通用的火焰加热器	涵盖了火焰加热器设计、材料、制造、检验、测试和装运准备的最低要求
API	RP 573	锅炉和火焰加热器的检验	涵盖了锅炉和工艺加热炉(火焰加热器)的检验做法

9.6　电力系统

NFPA 是早期调整电力系统设计、检查和测试的 RAGAGEPs 资料来源。《国家电力规范(NEC)(NFPA 70)》提供了设计信息，NFPA 70B，《电力设备维护的推荐做法》为大部分类型的电力设备提供了检查与测试的相关信息。此外，NFPA 111，《电能储备、应急和备用电源系统标准》为应急发电机和不间断电力供应(USPs)提供了设计、检查与测试的标准。IEEE 446，《工业及商业用途的应急和备用电源系统的推荐做法》也在应急和备用电源系统的使用、能量源、设计和维护等方面提供了相关信息。

表 9-19(第 9.9 节)为开关装置提供了一个 MI 活动矩阵。

9.7　消防系统

NFPA 规范为设备的设计和安装提出了相关要求，同时还提供了消防系统的相关 ITPM 信息。在表 9-11 中列出的一些 NFPA 规范信息包括：(1)设计和安装要求；(2)ITPM 要求。

表 9-11　消防系统常用的 NFPA 规范汇总

消防系统	NFPA 规范	
	设计和安装要求	检验、测试和维护要求
火灾探测和报警系统	NAPA72	NAPA72
自动喷淋灭火系统	NAPA13	NAPA25
水喷雾系统	NAPA15	NAPA25
泡沫-水喷淋系统	NAPA16	—
泡沫系统	NAPA11	NAPA25
立管和软管系统	NAPA14	NAPA25 和 1962
消防泵	NAPA20	NAPA25
供水系统	NAPA22 and 24	NAPA25
壁式消防栓	NAPA24	NAPA25
手提式灭火器	NAPA10	NAPA10
防火门和阻尼器	NAPA80 and 90A	—
卤代烷哈龙灭火系统	NAPA12A	NAPA12A

续表

消防系统	NFPA 规范	
	设计和安装要求	检验、测试和维护要求
二氧化碳灭火系统	NAPA12	NAPA12
清洁剂灭火系统	NAPA2001	NAPA2001
干粉灭火系统	NAPA17	NAPA17
建筑与结构	NAPA101	NAPA101

NFPA 发布的《消防系统的检测》《测试及维护手册》，提供了详细检验以及检查、测试和维护要求的介绍。设备人员在评估检查、测试及维护要求时，应与相关权威部门进行协商(例如，消防局，保险公司)。

9.8 杂项设备

本节讨论了有关下列类型设备的 MI 活动：

- 通风和净化系统；
- 防护系统，例如：维持空间气体浓度的系统，气体燃料净化系统，放热反应“遏制”系统，以及水幕；
- 固体处理设备；
- 安全关键性公用工程；
- 其他安全设备，包括：洗眼器/安全喷淋，紧急报警装置，应急响应设备。

以下，通用 GARAGEPs 给杂项设备提供了设计、检查和测试的要求。还提供了与 ITPM 活动相关的通用指南。一般情况下，这些类型设备的培训、程序与记录文件的要求不是唯一的：因此，在第 4 章、第 5 章和第 7 章提供的通用指南是应该要遵守的。

9.8.1 通风和净化系统

通风和净化系统通常需要：(1)工业卫生目标；(2)远离有毒设备排放的安全场地；(3)电器分类。工业卫生使用的通风和净化系统的设计、检查与测试要求依赖于很多变量，如：对化学品的考虑，正在执行的操作(例如：取样，轨道车的连接)以及设备的配置。美国政府工业卫生协会(ACGIH)和其他一些组织发布了一系列的标准和指导性文件，其中包括为各种情况都提供了相关设计要求的《工业通风系统的设计》一书。这些出版物同时还包括了在检查与测试方面的常用信息。通常情况下，检查与测试活动囊括了整体系统和特定系统组件的功能和性能的测试。

通风和净化系统依据电器分类，通常包括密闭房间和建筑(例如电机控制中心，分析室)或是电器设备罩壳(如配电盘)，以防止易燃蒸汽，气体和易燃粉尘的进入。NFPA 496《电气设备外壳清洁与密封标准》针对不同的情况提供了设计要求：(1)电力分类；(2)电气外壳的种类；(3)控制室；(4)分析室。此外，NFPA 70 标准为电气设备许可类型和不同电器分类领域的设备安装提供了附加信息。

安全避难所的通风通常包括：(1)房间与建筑的密封；(2)防止外部污染空气进入的方式。设计规范通常没有指定建筑通风，罩壳通风与清洁系统的 ITPM 要求。典型的 ITPM 活动包括：(1)安装时的肉眼检查；(2)用于检测密封压力失效或存在易燃气/蒸气的测试和校准手段；(3)报警功能的测试，自动断电和进气调节；(4)通风设备的预防性维护(如用于加压室的风机)。

9.8.2 保护系统

本节讨论常用的保护系统，例如维持空间气体浓度的系统、气体燃料净化系统、放热反应“遏制”系统、以及用于化工过程工业(CPI)的化学水幕。

维持空间气体浓度的系统通常安装在储罐和反应器中，以维持设备空间的气体浓度低于最低可燃下限或是高于最高可燃上限。这些系统通常会向设备空间中引入惰性气体，一般为氮气或二氧化碳，或是一种可燃气体(例如，天然气)。这些系统的特定性(例如，持续净化、批量净化、真空净化)决定了系统的设计与操作。NFPA 69《防爆系统标准》为不同净化系统描述和提供了设计要求。但是，该标准并未包含对这些系统的检查与测试要求的重要信息，通常情况下，这些系统的ITPM活动包括：肉眼检查，功能测试和关键系统组件的预防性维护(例如，压力报警装置的测试，供气调节器的复位)。锅炉及其他燃烧设备必须在点火之前，清除炉内的可燃性气体；这种活动需要特定的保护净化系统。NFPA 54《国家燃气规范》为这些系统提供了相关的设计要求以及检查与测试指导。

涉及放热反应的设备一般安装有阻止潜在的反应失控系统。这些保护系统可能：(1)采用注入化学剂的方法来停止反应(如聚合链酶抑制剂)；(2)去除反应器的存留物；(3)用另一种化学试剂使反应“骤冷”(很多时候是用水)。这些自动化系统通常涉及到试剂在反应器中的移入/移出。这些系统的设计要求依赖于其过程，所以对于此类系统没有统一的标准和规范。IPTM活动通常包括已在上述应用章节讨论过的系统运行功能测试以及关键系统/部件的维护。

尽管在放热反应安全系统中没有统一的标准和规范，一些CCPS出版物还是为其在设计、安装、检查和测试，以及维护方面提供了相关信息。在为此类系统开展MI活动时，以下CCPS出版物提供的信息应被纳入考虑范围：

- 化学反应危险性管理的基础实践；
- 化学反应评估和过程设计的应用指导；
- 反应材料安全存储与处理的指导；
- 批量反应过程中的过程安全性指导。

水幕系统安装在一些旨在消除释放化学蒸气的设施上。这些系统的设计要求通常由一些涉及化学品的标准与规范所规定。如，ANSI-K61.1《无水氨的储存和处理的安全要求》为氨系统提供了水幕的设计要求。同样，API RP 751《氢氟酸烷基化装置的安全操作》包含了用于氢氟酸烷基化装置的水幕系统的设计信息和其检查与测试的指导。ITPM活动通常包括水幕的功能测试以及任意检测与活化系统的校准与测试。此外，ITPM计划应当包括任意水/化学试剂包含系统的可用性与完整性的验证活动。CCPS的《化工行业中减轻释放后危害指导》一书也提供了有关水幕的信息。

9.8.3 固体处理系统

固体处理设备的MI程序的主要目的是为了防止可燃性粉尘引起的火灾和爆炸等情况。通常包括：(1)减少粉尘的产生量；(2)控制粉尘的扩散；(3)防止火源出现。NFPA 654《制造、生产过程中预防火灾和粉尘爆炸的标准以及易燃固体颗粒的处理》为固体处理系统提供了相关的设计、检查与测试的要求。设计标准包括：(1)爆炸及火灾防护设备；(2)爆炸危险控制；(3)恰当的过程装备，例如材料运送系统(如，机械输送机，气动输送系统)、管输系统、压力保护系统、空气驱动装置、气固分离器、闸和节气闸、缩径装置、按颗粒大小分离装备、混合机与搅拌机以及烘干机。

NFPA 654标准也为固体处理设备提供了检查、测试与维护的相关指导。标准还规定，以下设施还应该建立相应的检查、测试与维护计划：

- 适用NFPA标准的火灾和爆炸预防及保护设备；
- 粉尘控制设备；
- 清洁管理程序；
- 潜在火源；
- 电气、过程及机械装备，包括过程联锁。

此外，NFPA 496标准还要求：(1)润滑材料供给设备的轴承(例如输送机驱动)、气动装置的轴承(如风机，鼓风机)、气分装置(适用)、以及闸/节气闸；(2)定期检查材料供给设备和气动设备的轴承，以防止过度磨损；(3)定期清理材料供给装置(是否运送的材料有粘在设备上的倾向)；(4)定期检查气动设备是否过热及震动；(5)对风机和鼓风机进行预防性维护；(6)定期检查气分设备的过滤介质。

关于防火与防爆的其他指导可以在NFPA 69《防爆系统标准》中找到。CCPS丛书《安全处理粉末及散装物料的指导》《粉尘爆炸的预防和保护》《实用指南》，也都在安全设计及固体处理设备操作方面提供了相关信息。

9.8.4 安全关键性的公用工程

在一些过程中，公用工程的失效可能会导致过程安全事故。因此，存在此类过程的安全关键性公用工程的设计、检查与测试活动应被包括在MI系统中。设备过程危险性分析(PHA)小组应该确定安全关键性公用工程以及特定的安全关键性公用工程系统的组成部分(假设过程危险性分析包括工厂公用工程失效的评估)。此外，过程危险性分析小组还要考虑是否需要多余的或是备用的公用工程系统。安全关键性公用工程应当包括冷却水系统、电力系统、工业风系统、仪器仪表系统、惰性气体系统、工业水系统和针对温度敏感材料的冷却系统。

安全关键性公用工程系统的QA计划应当提供公用工程系统的受用保证以及部件的可靠性。确保其可靠性往往包括提供额外的设备(例如，额外的冷却水供应泵)和安装备用系统(例如应急发电机)。安全关键性公用工程系统的IPTM活动通常应包括：(1)额外的或备用供应系统的功能测试；(2)在用仪表系统的测试与校准；(3)维护关键性公用工程部件可靠性必须进行的相关任务(如冷却水泵的震动分析，关键电气开关设备的红外分析)。

9.8.5 其他安全设备

一个设施的MI计划应该包括：安全喷淋器、洗眼器、员工报警系统(例如疏散警报)和紧急响应设备(如自给式呼吸器设备[SCBA]、消防装备、溢液收集装置)。大部分此类装置的设计、检查与测试要求都遵循ANSI标准(通用设计标准)、OSHA准则和NFPA规范。表9-12提供了一系列可用于确定安全设备的RAGAGEPs。通常情况下安全设备的ITPM还包括库存维护、肉眼检查和设备的功能测试。

表 9-12 选定安全设备的 RAGAGEPs 汇总

安全设备	适用的标准、准则和规范		
	ANSI	OSHA	NFPA
洗眼器	ANSI Z358.1	29 CFR 1910.151（c）	—
安全喷淋器	ANSI Z358.1	29 CFR 1910.151（c）	—
员工报警系统		29 CFR 1910.165	NFPA72
• 消防设备 • 防护设备 • 自给式呼吸器设备 • 灭火器	ANSI Z88.2	29 CFR 1910.165	NFPA 600，1851，1911，1915，1971，1981 和 1991
呼吸保护设备	ANSI Z88.2	29 CFR 1910.134	NFPA1981 和 1991

9.9 特定设备的 MI 活动矩阵

本部分包含了以下设备的 MI 活动矩阵：

- 压力容器（包括塔器、过滤器和换热器）（表 9-13）；
- 管道（表 9-14）；
- 泄压阀（表 9-15）；
- SISs 和 ESDs（表 9-16）；
- 泵（表 9-17）；
- 火焰加热器、加热炉与锅炉（表 9-18）；
- 开关装置（表 9-19）。

表 9-13 压力容器的设备完整性活动

新设备设计、制造和安装		检验和测试		预防性维修		修理	
活动	周期	活动	周期	活动	周期	活动	周期
示范活动和典型周期							
• 设备规格，容器数据表 • 工艺设计要求 • 材料选择 • 供应商/工厂资质 • 制造商的设备设计 • 业主批准设计 • 焊接质量控制（AC）计划的批准 • 设备制造检查 • 文件的准备 • 安装和调试 • 验收和运转	• 依据制造和安装的需要	外部目视检查 厚度测量 内部检查或在线检查（如适用），二者择一。针对特定降级模式的附加检查（例如，保温层下腐蚀）	不超过 5 年 1/2 腐蚀寿命或不超过 10 年 1/2 腐蚀寿命或不超过 10 年，厚度测量是足够的如果腐蚀率每年小于 5mils 根据设备状况和降级率的需要	• 从 RCM 或类似工作的计划中确定的活动，如：（1）常规目视检查；（2）工艺状况监测/跟踪；（3）过程性能监控	以满足预防性维修计划和工艺监控需要的要求	• 设备内部更新 • 特殊的容器修理活动，如焊接覆盖物、改造、热割，或焊接附件到压力界面 • 油漆 • 隔热/防火修复 • 化学清洗 • 结构支撑和锚固系统的修复或更新	依据设备状况的需要，基于 ITPM 活动或正常操作观察产生的建议

续表

活动和周期的技术基础			
压力容器的QA做法	依据以前活动的结果设置间隔时间或根据检验规范（API 510或国家检验局规范［NBIC］）或法规要求设置固定间隔时间	公司或法规要求	• 依据正常操作过程中故障或ITPM活动结果的指示而进行
验收标准资源			
ASME PV规范适用于设计和制造，结合了更严格的公司工程标准和针对设备压力边界条件的特定法律要求	验收标准来源于检验规范API 510，NBIC，和法规要求。针对特定降级模式损伤的验收标准依据API RP 579	公司要求和良好的工程实践，再加上作为被定义了上、下安全界线的工艺安全信息（如压力、温度、流体组成和速度限制）	设计和制造规范：ASME PV规范，结合公司工程标准或设备或法规的更严格的要求。通常，修理和改造是依照ASME"R"标志要求执行的
典型故障影响			
不正确的材料或焊接金属，不正确的热处理，不正确的尺寸、角偏差或法兰倾斜，测试过程的泄漏，焊接缺陷，高硬度显示，使用不合格的焊工或焊接程序	• 压力边界变形、裂缝泄漏（例如，疲劳，环境引起、应力腐蚀开裂、腐蚀开裂）、或压力边界穿孔。压力边界的腐蚀，包括保温层下腐蚀 • 缺少接地，结构支撑和锚固系统的过度腐蚀	• 压力边界变形，从裂缝渗漏（疲劳或环境引起的），或压力边界穿孔 • 压力边界的腐蚀，包括：保温层下腐蚀，接地的缺失，支撑结构和锚固系统的过度腐蚀	不正确的材料或热处理，不正确的尺寸、角偏差或法兰倾斜，测试过程的泄漏，焊接缺陷，高硬度显示，使用不合格的焊工或焊接程序
员工资格			
公司要求和书面资质要求，无损检测资格证书，检验证书或检验和验收活动的技术培训	书面的资格证书，行业检验证书（API 510或NBIC），或特定技术培训结果分析	许多任务通常需要特殊的技术技能和操作技能，应当将其加入到他们各自的培训计划中	焊工资格参考ASME规范第IX部分。具有适当技术的无损检测技术人员资格。行业检验资格（API 510或NBIC）或针对压力容器工程的专项技术训练
程序要求			
• 书面程序描述： (1) 设备规格的工程标准 (2) 项目管理（包括风险和设计评审的时间表） (3) 供应商资质 (4) 文件要求 (5) 工程验收和周转要求	• 书面程序描述检验和测试活动，包括： (1) 方式、范围、位置、日期和检验或测试的执行人 (2) 结果分析和记录 (3) 功能或状态不符合验收标准的决议	这些活动通常不需要特定任务程序	• 针对修理中典型任务的手工技能程序（例如：焊接、垫片安装、螺栓紧固、压力测试。） • 针对修理或改造压力边界而开发的特殊工作程序 • 针对独特或复杂的维修或具有专业技术内容的特定工作程序（例如，翻新、内部改造、催化剂处理） • 为化学清洗而过程工程投入的特殊工作程序

续表

<table>
<tr><td colspan="4">文件要求</td></tr>
<tr>
<td>• 公司文件的要求通常包括：U1 格式、焊接资质、设计计算、材料证明、QC 结果
• 热处理记录、竣工图纸和铭牌拓印</td>
<td>• 在设备寿命周期中每次检验的结果及分析都要记录
• 为考虑后期测试的替代保护的方式的需要，追踪检查日期和技术延期
• 依据建议的日期，确定和解决缺陷状况</td>
<td>除设备历史文件，通常记录结果</td>
<td>维修记录通常与设备检验记录一起保存</td>
</tr>
</table>

表 9-14　管道系统的设备完整性活动

<table>
<tr><th colspan="2">新设备设计、制造和安装</th><th colspan="2">检验和测试</th><th colspan="2">预防性维修</th><th colspan="2">修理</th></tr>
<tr><td>活动</td><td>周期</td><td>活动</td><td>周期</td><td>活动</td><td>周期</td><td>活动</td><td>周期</td></tr>
<tr><td colspan="8">示范活动和典型周期</td></tr>
<tr>
<td rowspan="4">• 设计/管道介质要求
• 压力等级
• 材料的选择
• 制造承包商资质
• 业主批准设计
• 焊接/ QC 计划的批准
• 制造/储存/运输
• 安装
• 检验和测试结果的接受
• 文件的准备
• 验收和周转
• 试车</td>
<td rowspan="4">依据制造和安装的需要</td>
<td>外部目视检查</td>
<td>API 570 中默认的间隔时间</td>
<td rowspan="4">• 对 RCM，基于风险的检验（RBI），或类似的主动工作计划从故障模式和影响分析（FMEA）或其他分析技术中确定的活动
• 工艺状态监测/跟踪</td>
<td rowspan="4">以满足预防性维修时间进度表为需要</td>
<td rowspan="4">• 管道/部件更新替代
• 试车活动
• 临时卡扣
• 热割等
• 油漆
• 保温层修复
• 清洗
• 支架，吊架和锚固系统的修复或更新</td>
<td rowspan="4">基于检验、测试和预防性维修活动的建议，依据设备状况的需要确定周期</td>
</tr>
<tr><td>厚度测量</td><td>API 570 默认间隔数值中较小的或基于测量壁厚和计算腐蚀速率的 1/2 寿命时间</td></tr>
<tr><td>RBI 评估</td><td>根据 RBI 评估调整间隔和范围，计划在默认的检验间隔下审查</td></tr>
<tr><td>• 特殊重点检查
• 注入点和土壤空气界面</td><td>• 注入点检验：3 年最大间隔中的较小时间或基于测量壁厚和计算腐蚀速率的 1/2 寿命时间
• 土壤空气界面检验：API570 默认间隔数值</td></tr>
</table>

续表

活动和周期的技术基础			
管道制造和安装的质量保证(QA)做法	依据以前的检验结果设置间隔时间表或默认检验规范(API 570)中列出的最大间隔时间	公司或法规要求	依据故障，依靠预防性维修活动的结果，依靠检验和测试活动结果的指示而进行
验收标准资源			
ANSI/ASME B31 规范适用于管道设计和制造，结合了更多公司工程标准或特定设备标准的严格要求	验收标准来源于检验规范 API 570，或法规要求。针对特殊降级模式损伤的验收标准依据 API RP 579	被定义为工艺安全信息的工艺参数的上和下安全界限，如压力、温度、流体组成和流速	ANSI/ASME B31 设计和制造规范，结合公司工程标准，设备或法规的更严格要求。通常，修理和改造是依照 ASME"R"标志的要求执行的
典型故障影响			
尺寸错误，不正确的材料或焊接金属，不正确的尺寸、角偏差或法兰倾斜，不正确的部件的压力等级，测试过程的泄漏，超出验收标准的焊接缺陷，高硬度显示，使用不合格的焊工或焊接程序	• 裂缝泄漏(例如，疲劳，环境引起，应力腐蚀开裂，腐蚀开裂) • 内外部腐蚀，保温层下腐蚀 • 过度震动，没有支撑或固定管道，永久变形，管道部件不满足压力等级	工艺状况超过安全上下界线	尺寸错误，不正确的材料或焊接金属，不正确的尺寸、角偏差或法兰倾斜，不正确的部件压力等级，测试过程的泄漏，超出验收标准的焊接缺陷，高硬度显示，使用不合格的焊工或焊接程序，在热割/堵漏操作中泄漏，无法移动热割/堵漏设备
员工资质			
公司要求和岗位工艺技能证书，无损检测资格证书，ASME 第 IX 部分中对焊工焊接资格证书的要求	书面的无损检验资格证书，行业检验证书(API 570)，或针对管道工程结果分析的特定技术培训		焊工资质依照 ASME 规范第 IX 部分。具有合适技能的无损检测技术人员资质。行业检验资格(API 570)或针对储罐工程的专项技术训练
程序要求			
• 书面程序描述： (1) 设备规格的工程标准 (2) 项目管理(包括风险和设计评审的时间表) (3) 供应商资格 (4) 文件要求 (5) 工程验收和周转要求	• 书面程序描述的检验和测试活动，包括： (1) 活动的范围和位置，如何和何时进行检验或检测，以及由谁执行 (2) 结果如何记录和结果什么时候进行分析 (3) 功能或状态不符合验收标准如何解决		• 针对修理中典型任务的手工技能程序，例如，焊接、垫片安装、螺栓紧固等 • 针对修理或改造压力边界开发的特殊工作程序 • 针对独特或复杂的维修或具有专业技术内容的工作，例如，索吊、热割、堵漏、夹具安装的特殊工作程序 • 为过程工程投入化学清洗的特殊工作程序

续表

文件要求			
• 公司文件的要求通常包括焊接资质、焊接图、设计计算、材料证明、QC 结果 • 竣工图纸和压力试验报告	• 在设备寿命周期中每次检验的结果及分析都要记录 • 由于后期测试考虑替代保护方式的需要，进行检查日期的跟踪和技术延期；缺陷状况的确定和解决依据建议的日期	除设备历史文件，通常记录预防性维修结果	维修记录通常与设备检验记录一起保存

表 9-15 减压阀的设备完整性活动

新设备设计、制造和安装		检验和测试		预防性维修		修理	
活动	周期	活动	周期	活动	周期	活动	周期
示范活动和典型周期							
• 设计要求和工艺说明 • 部件材料 • 尺寸设计基础和尺寸计算 • 供应商/工厂资质 • 制造商的设备设计 • 设备制造 • 检验和测试 • 文件的准备 • 安装和调试 • 验收和运转	依据制造和安装的需要	外部目视检查	每年	从 RCM 或类似主动性工作计划中确定的活动，例如： （1）常规目视检查 （2）工艺状态监测/跟踪	以满足预防性维修时间进度表或工艺监测需要为要求	• 设备更新替代 • 安装位置上的修理或更新 • 管道内部的限制条件 • PSV 动作后的目视检查工作	5 年，或铭牌上的钢印日期 • 依据设备状况的需要，基于 ITPM 活动或正常操作观察产生的建议 • API RP 576 标准要求
		工艺状况检查，包括上游和下游的阀门位置	每周				
		减压阀的爆破试验	根据使用状况的需要				
		检查进、出口管道的结垢和堵塞	设备更换或拆除测试的时候				
		针对特殊降级模式的附加检验	根据使用状况、设备状况、降级速率的需要				
活动和周期的技术基础							
减压阀制造、测试和安装的质量保证(QA)做法		依据以前活动的结果确定间隔时间表或基于检验规范（ASME，NBIC，或 API RP 576）的固定间隔要求或法规要求		公司或法规要求		当设备合格期限需要时，或依靠正常操作过程中的故障或 ITPM 活动结果的指示，依靠检验和测试活动结果的指示而进行	

续表

验收标准资源			
• 泄压装置设计或制造的规范和标准（ASME BPVC-部分Ⅷ，NB-23，NFPA 30，API RP 520，或其他适用于特殊应用的标准[例如，氨，液化石油气]），结合压力容器的要求 • 公司工程标准设备或法规要求	• 验收标准来源于检验规范（ASME，NBIC，或 API），或法规要求 • 评估装置状况和工艺状况的公司标准	被定义为工艺安全信息的工艺参数安全上限（压力），公司要求和工艺参数的良好工程实践	• 设计规范（ASME、NBIC、或 API） • 公司工程标准，设备或法规要求 • 法规要求的 ASME"VR"标志的设备需进行修理
典型故障影响			
不正确的材料或内部部件，不正确的部件压力等级，超出验收标准的焊接缺陷，尺寸错误，角度误差或法兰倾斜，测试中的泄漏	• 内部部件的老化、腐蚀、垫圈泄漏导致阀泄漏 • 未能在设定压力下打开 • 盖/挡板失效致使动物或水、冰进入排出管道造成堵塞 • 工艺阀门关闭妨碍了设备功能 • 排空阀结垢或堵塞 • 惰性气体吹扫系统故障	• 投运后复位故障造成的阀门泄漏 • 工艺参数超出了设备的设计标准 • 排空阀结垢或堵塞 • 惰性气体吹扫系统故障	• 不正确的材料或内部部件，不正确的部件压力等级，超出验收标准的焊接缺陷，尺寸错误，角度误差或法兰倾斜，测试中的泄漏 • 内部构件老化或垫片泄漏造成的阀门泄漏
员工资质			
• 制造商要求，技能证书，检验资质证书，针对制造和安装期间的检验和验收活动的技术培训 • 符合应用规范和标准的减压设备的大小、选择和规格方面的培训	减压阀检验、测试、处理和安装程序的专业技术培训	减压阀检验、测试、处理和安装程序的专业技术培训	减压阀检验、测试、处理和安装程序的专业技术培训
程序要求			
• 书面程序描述： (1) 设备规格的工程标准 (2) 项目管理（包括风险和设计评审的时间表） (3) 供应商资质 (4) 文件要求 (5) 项目验收和运转要求 (6) 正确的安装要求	• 书面程序描述的检验和测试活动，包括： (1) 检验或测试活动进行的方式、范围、位置和日期，以及由谁执行 (2) 结果的记录和分析 (3) 功能或状态不符合验收标准的建议	这些活动通常不需要特定的作业程序	• 修理和更换中典型任务的技能程序（例如：垫片安装、螺栓拧紧、压力测试） • 修理和更换中建立的特定工作程序

续表

<table>
<tr><td colspan="4">文件要求</td></tr>
<tr><td>公司文件的要求通常包括：制造商的数据形式、设计和尺寸计算、材料证明、最初爆破的测试结果、质量控制（QC）结果及装置图</td><td>• 设备寿命周期中每次检验的结果及分析都要记录
• 由于后期测试考虑替代保护方式，需要追踪检查日期及进行技术延期；依据建议的日期，确定和解决缺陷状况</td><td>除设备历史文件，结果通常需记录</td><td>维修记录通常与设备检验记录一起保存</td></tr>
</table>

表 9-16 SISs 和 EDS 的设备完整性活动

<table>
<tr><th colspan="2">新设备设计、制造和安装</th><th colspan="2">检验和测试</th><th colspan="2">预防性维修</th><th colspan="2">修理</th></tr>
<tr><th>活动</th><th>周期</th><th>活动</th><th>周期</th><th>活动</th><th>周期</th><th>活动</th><th>周期</th></tr>
<tr><td colspan="8">示范活动和典型周期</td></tr>
<tr><td rowspan="7">结构材料鉴定</td><td rowspan="7">接收的时候</td><td>• 现场设备的校准（例如，传感器，开关）
• 回路检查
• 功能测试
• 逻辑解算器检测/运行诊断</td><td>以满足安全性能要求为周期</td><td rowspan="7">• 逻辑解算器的电池更换
• 逻辑解算器、操作界面和工程接口柜空气过滤器的替代/清洗</td><td rowspan="7">制造商的建议</td><td rowspan="2">• 故障排除
• 现场设备的更换（例如，传导器，开关）
• 逻辑解算器、操作界面和工程接口箱组件的更换（例如，集成电路板）</td><td rowspan="2">根据需要</td></tr>
<tr><td>现场设备的校准（例如，传感器，开关）</td><td>安装前</td></tr>
<tr><td>现场设备的目视检查和安装</td><td>最初安装</td><td rowspan="5">结构材料鉴定</td><td rowspan="5">新设备安装的时候</td></tr>
<tr><td>SIS 回路检查</td><td>最初安装</td></tr>
<tr><td>SIS 功能测试</td><td>最初安装</td></tr>
<tr><td>逻辑解算器、操作界面和工程接口的制造测试</td><td>制造期间</td></tr>
<tr><td>逻辑解算器、操作界面和工程接口的出厂验收</td><td>在交付前和交付后再次检验</td></tr>
</table>

续表

活动和周期的技术基础			
• API RP 554 • API RP 551 • ISO S84.01 和 IEC 61508 • 制造商建议 • 工业保险公司的建议 • 常见的工业实践	• API RP 554 • API RP 551 • ISO S84.01 和 IEC 61508 • 制造商建议 • 工业保险公司的建议 • 常见的工业实践	制造商的建议	常规修理活动
验收标准资源			
• 设备说明书 • SIS 说明书 • 制造商的建议 • 工业保险公司的建议 • 公司工程和维修标准	• 设备说明书 • SIS 说明书 • 制造商的建议 • 工业保险公司的建议 • 公司工程和维修标准	制造商的建议	• 设备说明书 • SIS 说明书
典型故障影响			
• 安装或结构材料不正确导致的泄漏，(例如，不正确的垫片，接触液体部件材料选择不当 • 错误的安装造成对命令的不执行(例如，不正确的接线)，控制系统的配置不正确，和设备校准不正确 • 不正确的安装导致潜在的着火源或人员触电 • 设备安装地区不当的电气分类等级	• 由于布线故障造成系统对命令不执行或虚假的行程(例如：连接松散，短路)，输入设备的故障(例如：传感器的电子故障)，或控制器/本地解码器的故障(例如：I／O卡失效) • 由于未经授权修改控制器/逻辑解码器的配置和/或联锁/报警的旁路/强制要求，造成系统对命令不执行或虚假的行程 • 由于输入设备连接件隔离/堵塞或其他不能操作或不能精确测量的工艺条件(如温度、压力)，而引起对命令的不执行(例如，在温度探头上形成的堆积) • 由于设备或连接短路而造成潜在的着火源 • 接头处的过量增压导致工艺连接件泄漏	• 由于布线故障造成系统对命令不执行或虚假的行程(例如：连接松散，短路)，输入设备的故障(例如：传感器的电子故障)，或控制器/本地解码器的故障(例如：I／O卡失效) • 由于未经授权修改控制器/逻辑解码器的配置和/或联锁/报警的旁路/强制要求，造成系统对命令不执行或虚假的行程 • 由于输入设备连接件隔离/堵塞或其他不能操作或不能精确测量的工艺条件(如温度、压力)，造成对命令的不执行(例如，在温度探头上形成的堆积) • 由于设备或连接短路而造成潜在的着火源 • 接头处的过量增压导致工艺连接件泄漏	• 安装或结构材料不正确导致的泄漏，(例如：不正确的垫片，接触液体部件材料选择当 • 不合适的安装造成对命令的不执行(例如：不正确的接线)，控制系统的配置不正确，和设备校准不正确 • 不正确的安装导致潜在的着火源或人员触电 • 设备安装地区不当的电气分类等级

续表

员工资格			
• 个别程序要求的技能和知识 • 程序要求的使用和操作特殊工具的培训(例如：信号模拟器)	• 个别程序要求的技能和知识 • 针对检验和测试活动的特定程序培训 • 程序要求的使用和操作特殊工具的培训，例如，信号模拟器	个别程序要求的技能和知识	• 个别程序要求的技能和知识 • 针对修理活动的特殊程序的培训 • 程序要求的使用和操作特殊工具的培训，例如，信号模拟器
程序要求			
• 采购和接收程序，确保结构材料合适 • 特定设备的测试、校准和安装程序 • 制造商的手册 • 专用工具(例如，信号模拟器)使用和操作程序	• 书面程序描述的检验和测试活动，包括： (1) 检验或测试活动进行的方式、范围、位置和日期，以及由谁执行 (2) 结果的记录和分析 (3) 功能或状态不符合验收标准的建议	• 书面程序描述的检验和测试活动，包括： (1) 检验或测试活动进行的方式、范围、位置和日期，以及由谁执行 (2) 结果的记录和分析 (3) 功能或状态不符合验收标准的建议	• SISS故障和集成电路板更换修理通用书面程序，包括： (1) 参考制造商的手册 (2) 特定设备安装程序 (3) 制造商的手册 (4) 专用工具(例如，信号模拟器)使用和操作程序 (5) 采购和接收程序，确保结构材料的合适
文件要求			
• 供应商的结构材料报告 • 校准记录，包括发现和遗漏的状况 • 回路检查表，包括发现和遗漏的状况 • 功能测试记录 • 制造商的测试报告 • 工厂验收测试报告 • 设备验收测试报告 • 安装文档以支持试车前的安全审查(PSSF)要求	• 安装报告 • 回路检查表，包括发现和遗漏的状况 • 功能测试记录 • 诊断检查表	• 工单的完成/关闭 • 设备预防性维修记录	• 工单的完成/关闭 • 使用零件/材料的工单或库存记录 • 返回到维修检查表 • 供应商的结构材料报告

表 9-17　泵的设备完整性活动

新设备设计、制造和安装		检验和测试		预防性维修		修理	
活动	周期	活动	周期	活动	周期	活动	周期
示范活动和典型周期							
• 结构材料确定 • 性能测试 • 压力测试	最初制造	密封系统的目视检查	每次切换到每周（取决于危险程度）	• 轴承壳和齿轮箱油滑油油位检查	• 每次切换到每周	• 更换机械密封 • 泵的拆卸和装配	• 根据需要
		振动分析	• 连续，针对大功率机泵（例如，10000hp） • 每周到每季度（取决于危险程度和功率）	轴承壳和齿轮箱油/润滑油更换	• 制造商的建议		
调整	最初安装和部件被拆卸、移动或更换的任何时候	性能测试	取决于使用状况和危险程度	• 轴承和齿轮箱油/润滑油的分析	• 每月到每半年（取决于危险程度和历史记录）		
转动检查	最初安装和连接驱动设备的任何时候	冗余泵切换	每周到每月	金属联轴器润滑（例如，法尔克蛇形弹簧联轴器，法士特齿轮，或类似的类型）	• 制造商的建议	结构材料的确定	当收到零件和在安装时
振动分析（基线）	首次试车	备用泵运行/性能检查	每周到每月	内部检查和修理	• 根据历史记录、使用状况和危险程度的需要		
活动和周期的技术基础							
• 来自不同组织的各种规范、标准或推荐做法，（例如：API、水利研究院、ANSI、ISO）（运用于工业和各种类型的泵） • 制造商的建议 • 常见的工业做法 • 工业的建议		• 制造商的建议 • 常见的工业做法 • 工业的建议		• 制造商的建议 • 常见的工业做法 • 工业的建议		常见的修理活动	

续表

验收标准资源			
• 适用的规范，标准，或推荐做法 • 泵的说明书 • 制造商的建议 • 公司的工程和维修标准 • 工业保险公司的建议	• 泵的说明书 • 制造商的建议 • 公司的工程和维修标准	• 制造商和润滑油供应商的建议 • 公司的工程和维修标准	• 泵的说明书 • 制造商的建议 • 公司的工程和维修标准
典型故障影响			
• 安装不当或不正确的结构材料造成密封/包装组件泄漏 • 装配不当或内部组件安装不当造成流量/压力不足(例如，叶轮间隙不够) • 不当的装配、安装或结构材料导致泵壳泄漏 • 过度振动损坏密封/包装和相关辅助设备	• 安装压力过大、润滑不足、轴承故障或磨损造成密封/包装组件的泄漏 • 传动部件故障导致流量/压力损失或不足 • 内部部件的故障、腐蚀、磨蚀或磨损导致流量/压力损失或不足(例如，叶轮) • 松动或损坏内部组件导致泵壳损坏(例如，叶轮) • 过度振动损坏密封/包装和相关辅助设备	• 安装压力过大、润滑不足、轴承故障或磨损造成密封/包装组件的泄漏 • 传动部件故障导致流量/压力损失或不足 • 内部部件的故障、腐蚀、磨蚀或磨损导致流量/压力损失或不足(例如，叶轮) • 松动或损坏内部组件导致泵壳损坏(例如，叶轮) • 过度振动损坏密封/包装和相关辅助设备	• 安装不当或不正确的结构材料造成密封/包装组件泄漏 • 装配不当或内部组件安装不当造成流量/压力不足 • 不当的装配、安装或结构材料导致泵壳泄漏 • 过度振动损坏密封/包装和相关辅助设备
员工资质			
• 个别程序要求的技能和知识 • 针对检验和测试活动的特殊程序的培训 • 程序要求的使用和操作特殊工具的培训，(例如，激光校准设备)	• 个别程序要求的技能和知识 • 针对检验和测试活动的特殊程序的培训 • 程序要求的使用和操作特殊工具的培训，(例如，激光校准设备)	• 个别程序要求的技能和知识 • 针对预防性维修活动的特殊程序的培训	• 个别程序要求的技能和知识 • 针对修理活动的特殊程序的培训 • 针对检验和测试活动的特殊程序的培训 • 程序要求的使用和操作特殊工具的培训(例如，激光校准设备)
程序要求			
• 采购和接收程序，确保结构材料合适 • 制造商测试程序，包括那些调整工具 • 试运行和运行测试程序 • 制造商的说明书 • 泵校准程序 • 泵的安装程序 • 振动分析程序 • 振动测试仪的操作程序和制造商的手册	• 书面程序描述的检验和测试活动，包括： (1) 检验或测试活动进行的方式、范围、位置和日期，以及由谁执行 (2) 结果的记录和分析 (3) 功能或状态不符合验收标准的建议	• 书面程序描述的检验和测试活动，包括： (1) 检验或测试活动进行的方式、范围、位置和日期，以及由谁执行 (2) 结果的记录和分析 (3) 功能或状态不符合验收标准的建议	• 通用书面的修理离心泵程序，包括参考制造商的手册 • 泵校准程序 • 校对工具(例如，激光校直)程序和制造商的手册 • 泵的安装程序 • 采购和接收程序，确保结构材料的合适 • 测试程序，涵盖测试设备操作和无损检测性能

续表

文件要求			
• 供应商的结构材料报告 • 无损检测报告 • 性能和压力测试报告 • 调整报告 • 泵安装报告 • 振动分析数据和报告 • 特别说明： （1）记录随同设备的寿命保存 （2）支持 PSSR 要求的安装文档	• 检验检查表 • 振动分析数据和报告 • 性能测试记录 • 特别说明： （1）根据该设备记录保留要求保留记录 （2）可以接受例外的文件（如某些任务和有选择的泵）	• 润滑油常规检查表 • 工单的完成/关闭 • 设备预防性维修记录 • 油/润滑油分析报告 • 特别说明： （1）根据该设备记录保留要求保留记录 （2）可以接受例外的文件（如某些任务和有选择的泵）	• 工单的完成/关闭 • 使用零件/材料的工单或库存记录 • 返回到修理检查表 • 调整报告 • 泵安装报告 • 供应商的结构材料报告 • 无损检测报告 • 特别说明： （1）维修数据（例如：发现问题、零件使用、修理情况、问题遗留）通常被记录在设备档案文件中 （2）维修记录随同设备寿命保存

表 9-18 火焰加热器/加热炉/锅炉的设备完整性活动

新设备设计、制造和安装		检验和测试		预防性维修		修理	
活动	周期	活动	周期	活动	周期	活动	周期
示范活动和典型周期							
• 热或蒸汽消耗率要求/流体使用要求 • 压力等级 • 材料的选择 • 制造承包商资质 • 业主批准设计 • 焊接/ QC 计划的批准 • 制造/储存/运输 • 安装 • 验收检验和测试 • 文件的准备 • 验收和运行 • 调试	依据制造和安装的需要	加热器或加热炉的燃烧室和炉管的检验	通常结合装置计划停机时间，由用户确定或危险的故障发生的时候	• 从 RCM 或类似工作计划中主动确定的活动，如： （1）工艺状况跟踪/监测 （2）金属温度监控 （3）水质检测 （4）效率性能监测	以满足预防性维修时间进度表和锅炉运行许可需要为要求	• 管路更换 • 燃烧器更换或修理 • 隔热层/耐火层修补 • 管道或管道支架、吊架和锚固系统的修复或更换 • 修理后的调试活动	依据设备状况的需要，基于检验、测试和预防性维修活动的建议进行
		• 锅炉、汽包、管束和燃烧室的检验 • 余热锅炉检验 • 危险废物焚烧炉检验	检查表不是规范的衍生，但通常是由法规要求确定的	加热器和加热炉的除焦操作	根据性能和金属温度数据，在需要的时候进行		

续表

活动和周期的技术基础			
设备制造和安装的 QA 做法	锅炉的法规要求，加热器和加热炉的可靠性问题	公司或法规的要求	依据故障情况进行或基于检验、测试和预防性维修活动的建议进行
验收标准			
• 针对锅炉设计、制造和安装的 ASME 和国家局规范 • 公司的工程标准，或针对加热器和加热炉的特定设备标准	• NBIC 或法规要求的验收标准 • 评估炉管寿命和耐火材料损坏的公司标准	被定义为工艺安全信息的工艺参数的安全上、下限，例如：压力、温度、流体组成和速率	• 针对锅炉修理的 ASME 和国家局规范 • 公司的工程标准或针对加热器和加热炉的特定设备标准
典型故障影响			
不正确的材料或焊接金属，部件不正确的压力等级，测试过程中的泄漏，超出验收标准的焊接缺陷，高硬度显示，使用不合格的焊工或焊接程序，尺寸错误，不正确的耐火材料，不正确的耐火材料安装或处理，不正确的弹簧吊架设置对翅片管造成损伤	管子破裂、管子膨胀和变形、蠕变损伤、蒸汽泄漏、工艺介质泄漏、耐火材料损坏、支撑结构故障	工艺条件，如：出口温度、烟筒温度、燃烧效率、热输入、流量平衡和管道金属温度，超过安全操作界限	不正确的材料或焊接金属，部件不正确的压力等级，测试过程中的泄漏，超出验收标准的焊接缺陷，高硬度显示，使用不合格的焊工或焊接程序，尺寸错误，不正确的耐火材料，不正确的耐火材料安装或处理，不正确的弹簧吊架设置对翅片管造成损伤
员工资质			
• 锅炉：ASME 和国家局的制造要求 • 加热器和加热炉：公司要求，安装、无损检测资质证书和 ASME 第 IX 部分对焊工的焊接要求的书面技术文件	• 针对锅炉法规要求的国家局的检验证书 • 非强制的行业证书（API 570，510）或针对加热器和加热炉检验的特定公司培训	公司针对任务的要求	• 锅炉：ASME 和国家局的制造要求 • 加热器和加热炉：公司要求，安装、无损检测资质证书和 ASME 第 IX 部分对焊工的焊接要求的书面技术文件。非强制的行业证书（API 570，510），或针对加热器和加热炉检验的特定公司培训
程序要求			
• 书面程序描述： （1）设备规格的工程标准 （2）项目管理（包括风险和设计评审的时间进度表） （3）供应商资格 （4）文件要求 （5）项目验收和运行要求	• 书面程序描述的检验和测试活动，包括： （1）检验或测试活动进行的方式、范围、位置和日期，以及由谁执行 （2）结果的记录和分析 （3）功能或状态不符合验收标准的建议	• 书面程序描述的检验和测试活动，包括： （1）检验或测试活动进行的方式、范围、位置和日期，以及由谁执行 （2）结果的记录和分析 （3）功能或状态不符合验收标准的建议	• 针对修理中典型任务的操作技能程序，（例如，焊接、垫片安装、螺栓紧固） • 针对独特或复杂的维修或具有专业技术内容的特定工作程序，（例如，线圈或炉管更换，新弹簧吊架的设置，难治性修理或燃烧器调整） • 工艺工程化学清洗的特定工作程序

续表

文件要求			
• 公司文件的要求通常包括：制造商的数据表（锅炉）、焊接资质、焊接图纸、设计计算、材料证明、QC结果、竣工检查图纸和压力试验报告	• 随同设备的寿命，记录每次检查的结果及分析	• 除在设备历史文件里的结果通常需记录	• 修理历史记录与设备检验历史记录一起保存

表 9–19 开关柜的设备完整性活动

新设备设计、制造和安装		检验和测试		预防性维修		修理	
活动	周期	活动	周期	活动	周期	活动	周期
示范活动和典型周期							
• 目视检查 • 过电流保护测试／验证	初始安装	目视检查	• 每月–每季度（户外装置） • 每季度–每半年（室内装置）	检修开关装置，包括：所有部件的清洁、检查紧固和调试	根据情况，3~6年	断路器的拆卸和安装	根据需要
		红外线检查	每年–每3年，根据危险性、历史记录和起动器的大小				
		继电保护器的校准和测试； 断路器跳闸；控制装置、计量器和保护装置的绝缘电阻测试	根据情况，3~6年				
		• 断路器的检查和维护 • 断路器的电气试验	最高3年（空气断路和油浸式断路器）				
		安装的断路器的系统测试	断路器的电气测试完成后进行				
		制造商推荐的检查、维护以及真空状态和充气状态下的断路器测试	制造商的建议				

续表

活动和周期的技术基础			
• NFPA 70 • 制造商的建议 • 工业保险公司的建议 • 常见的工业做法	• NFPA 70B • 制造商的建议 • 常见的工业做法 • 工业保险公司的建议	• NFPA 70B • 制造商的建议 • 常见的工业做法	常见的修理活动
验收标准资源			
• NFPA 70 • 配电系统规范 • 制造商的建议 • 工业保险公司的建议 • 公司工程和维修标准	• 配电系统规范 • 制造商的建议 • 工业保险公司的建议 • 公司工程和维修标准	• 制造商/供应商的建议 • 工业保险公司的建议 • 公司工程和维修标准	• 配电系统规范 • 制造商的建议 • 公司工程和维修标准
典型故障影响			
• 不正确的安装(例如，连接错误或不当的单元尺寸)导致不能给关键安全设备(例如，控制器)提供电力 • 不当安装或不正确的过电流保护装置(例如，不正确的熔断器)导致潜在的着火源或人员触电	• 电池、连接、转换开关和充电系统的故障导致不能给关键安全设备(例如，控制器)提供电力 • 设备短路或连接短路，以及不正确的过电流保护装置(例如，不正确的熔断器)，或极限负载操作装置(例如，操作温度太高)造成潜在的着火源或人员触电	• 电池、连接、转换开关和充电系统的故障导致不能给关键安全设备(例如，控制器)提供电力 • 设备短路或连接短路，以及不正确的过电流保护装置(例如，不正确的熔断器)，或极限负载操作装置(例如，操作温度太高)造成潜在的着火源或人员触电	• 不正确的安装(例如，连接错误或不当的单元尺寸)导致不能给关键安全设备(例如，控制器)提供电力 • 不当安装或不正确的过电流保护装置(例如，不正确的熔断器)导致潜在的着火源或人员触电
员工资质			
• 个别程序要求的技能和知识 • 程序要求的使用和操作特殊工具的培训(例如，电测试设备)	• 个别程序要求的技能和知识 • 针对检验和测试活动的专业程序培训 • 程序要求的使用和操作特殊工具的培训(例如，电测试设备)	• 个别程序要求的技能和知识 • 针对预防性维修活动的特定程序培训	• 个别程序要求的技能和知识 • 针对修理活动的特定程序培训
程序要求			
• 制造商手册 • 配电系统的安装程序	• 书面程序描述的检验和测试活动，包括： (1) 检验或测试活动进行的方式、范围、位置和日期，以及由谁执行 (2) 结果的记录和分析 (3) 功能或状态不符合验收标准的建议	• 书面程序描述的检验和测试活动，包括： (1) 检验或测试活动进行的方式、范围、位置和日期，以及由谁执行 (2) 结果的记录和分析 (3) 功能或状态不符合验收标准的建议	• 针对断路器的拆卸和安装的通用的书面修理程序，包括参考制造商手册 • 采购和接收程序以确保使用正确的设备

续表

文件要求			
• 过电流保护设备的记录和设置(例如，熔断器额定值) • 竣工图 • 支持PSSR要求的安装文档	检验和测试检查表	• 工单的完成/关闭 • 设备预防性维修记录	• 工单的完成/关闭 • 零件/使用材料的工单或库存记录 • 返回到修理检查表

参考文献

9-1 Chlorine Institute, *Atmospheric Monitoring Equipment for Chlorine*, Pamphlet 73, Arlington, VA, 2003.

9-2 National Fire Protection Association, *Standard for the Installation of Oil-burning Equipment*, NFPA 31, Quincy, MA, 2001.

9-3 National Fire Protection Association, *National Fuel Gas Code*, NFPA 54, Quincy, MA, 2002.

9-4 National Fire Protection Association, *Boiler and Combustion Systems Hazard Code*, NFPA 85, Quincy, MA, 2004.

9-5 National Fire Protection Association, *Ovens and Furnaces*, NFPA 86, Quincy, MA, 2003.

9-6 National Fire Protection Association, *Standard for Industrial Furnaces Using a Special Processing Atmosphere*, NFPA 86C, Quincy, MA, 1999.

9-7 National Fire Protection Association, *Standard for Industrial Furnaces Using Vacuum as an Atmosphere*, NFPA 86D, Quincy, MA, 1999.

9-8 National Fire Protection Association, *Standard for Stoker Operation*, NFPA 8505, Quincy, MA, 1998.

10
MI 项目的执行

本章讨论了设备完整性(MI)项目如何运行，具体来说包括以下几个方面：

- 预算和资源；
- MI 项目中软件的使用；
- 投资回报。

其中预算和资源部分概述了 MI 项目在运行过程中的各个阶段的资源需求，在第 10.2 节介绍了在 MI 项目中的计算机维护管理系统软件和其他软件的应用，最后一节介绍了一个有效 MI 项目的投资回报。

10.1 预算和资源

公司和设备管理部门经常需要对开发、实施和维持一个成功的 MI 程序所需要的资源进行评估。本节提供了可以帮助工作人员评估这些必需的资源的信息。

许多公司使用传统的项目管理工具和技术来管理 MI 程序的开发和实施。例如，将一个项目时间表用甘特图来表示，用来记录和显示活动的目标/指标，及监测活动的进展。而项目成本监控和报告系统可以帮助追踪项目成本，定期举行项目评审会和发布状态报告可以明确工作的重点，并提供机会来尽早解决问题。

10.1.1 项目开发资源

公司管理人员应该考虑提供参考资料，为下面确定和实施相关的 MI 项目做努力：

- 确定并记录管理系统；
- 确定其他 MI 项目的处理范围(最初的优先考虑事项)辨识 MI 程序中应包含的设备；
- 制定检查、测试和预防性维修(ITPM)项目和相关的时间表；
- 识别并制定书面程序；
- 制订培训计划，开发和取得培训材料；
- 开发一个系统来管理设备缺陷；
- 明确质量保证(QA)活动，并记录质量保证过程；
- 选择和获取合适的软件。

这些活动主要的资源是时间管理：项目活动负责人所花费的时间，用以确定和发展项目活动所需的其他人员(例如，技术人员、检查员、工艺工程师、操作人员)所给予的时间。其中所提到的这些人力资源可以从内部人员中选用，也可以聘用有 MI 项目经验的外部顾问。

本书前面几章介绍了与上面所列主题相关的具体信息。每一个章节中都包含主要职位职责的定义。此外，表 10-1 概述了主要 MI 项目开发活动中需要的资源，并对所需的劳动力进行了粗略估计。与专业人员培训有关的额外费用，(如，检查员的培训)，这取决于企业自己的处理方式(如，是否发展内部专家)。而且，表10-1中的估计认为设备的工艺安全信息(如，图纸、释放量计算)是准确的，最新的。

外部顾问可以：(1)提供专业技术(如，专业知识，以及普遍接受的良好工程实践[RAGAGEPs])；(2)促进具体活动的发展；(3)制定MI书面程序；(4)当没有足够的适用的人员时，可以作为参与人员增加企业员工的实力。虽然一个成功的MI项目在开发阶段需要大量内部人员的参与，但外部顾问也可以帮助开发许多活动。通常，MI项目开发工作宣告失败，仅仅是因为外部人员被制约了。只有足够的机构人员来参与并获得工厂员工的支持，才能确保项目适合特定的文化、组织和长期的设施资源分配。顾问在发展MI项目中是一个宝贵的资源(通过提供方向；促进会议，提供样板程序文件等)，但主要由顾问开发的MI项目(即，很少设施人员参与)可能缺乏细节，一个有效的MI项目需要具体的流程信息。高水平设备人员的参与有助于确认顾问的“通用”程序中是否包含和反映了设施人员对工艺和企业文化的了解程度。

表10-1 MI项目开发活动所需要的资源汇总

MI项目开发活动	主要的人力资源		劳动力评估/(人·天)
	内部	外部	
整体管理系统	• MI协调员 • 维修、工程和监督经理 • 维修监管员	具备MI项目和可靠性项目经验的过程安全顾问	10~25
其他的MI项目范围问题	• 现场经理 • MI协调员 • 维修和工程经理	具备MI项目和可靠性项目经验的过程安全顾问	1~5
设备清单	• MI协调员 • 工艺工程师 • 维修监管员	具备MI项目和可靠性项目经验的过程安全顾问	5~30
ITPM项目	• MI协调员 • 维修、工程和监督经理 • 维修监管员 • 工艺工程师 • 操作人员	具备MI项目和可靠性项目经验的过程安全顾问 检验公司人员	10~75
程序	• 维修监管员 • 手动操作者 • 生产监督经理 • 检查员 • 程序员	程序员	45~200
培训	• 培训部门人员 • 维修、工程和监督经理 • 维修监管员 • 操作员 • 检查员	培训开发顾问	高达150

续表

MI 项目开发活动	主要的人力资源		劳动力评估/(人·天)
	内部	外部	
设备缺陷	• MI 协调员 • 维修、工程和监督员 • 检查员 • 操作人员	具备 MI 程序和可靠性计划经验的过程安全顾问	5~25
QA 项目	• 维修、工程和监督经理 • 检查员 • 维修监管人员 • 工程设计 • 采购员 • 库房管理人员 • 程序员	具备 MI 程序和可靠性计划经验的过程安全顾问 程序员	5~40
软件	• 维修、工程和监管经理 • 检查员 • 维修监督员 • 采购员 • 库房管理员	维护软件供应商	5~25

10.1.2 初步实施的资源

在初步实施时，MI 程序将从书面形式转移到人和设备领域。同开发阶段相比，这个阶段要花费工厂员工更多的时间，并且通常是最昂贵的阶段。这个阶段的主要活动是：

- 收集设备信息；
- 参与执行 MI 活动的人员需要经过培训，并具备相应资质的，包括获得所需的认证(如，焊工证、审查员证)；
- 实施检测、测试和 PM 工作；
- 处理 IPTM 后果；
- 执行质量保证活动；
- 管理设备缺陷；
- 获取并使用软件来支持机械完整性程序。

表 10-2 提供了与这些活动的每个活动相关的常见任务的列表，以及完成这些活动需要的粗略的人力估计。此外，以下部分提供了这些活动的简要描述，并且讨论了实施这些活动时需考虑的问题。这些实施初期任务中的一些任务将持续 MI 程序的生命力。

收集设备信息。在 MI 项目实施的初级阶段必须收集设备信息。实施阶段需要的信息有：

- 确定验收标准(通常是通过引用具体的设备文件信息[如，腐蚀裕量、尺寸公差、可接受的磨损量])。见第 4.2.1 节和第 8.2 章节其他的信息验收标准。
- 执行 ITPM 任务。具体来说，执行检测任务的人员审查选定的设备信息，应该涉及到：(1)ITPM 历史；(2)设备的细节(如，需要检验的特定组件)；(3)ITPM 任务细节(如，厚度测量位置[TMLs]，检验技术)；(4)验收标准。

表 10-2 主要活动的初期任务

初期进行的活动	主要的工作任务	预估需求的劳动力
• 收集和整理设备信息	• 汇编/整理设备文件	2~30 人·日
	• 修补/获得丢失的装备信息	取决于所需维修/获得信息的数量，会有很大差异
	• 建立/检验设备的验收标准(例如，最小壁厚信息，振动偏差)	5~15 人·日
• 员工培训和认证	• 制定一个培训计划	5~20 人·日
	• 培训维修工艺人员	16~80 小时(一个人员)
	• 培训电焊工	2~16 小时(一个电焊工)
	• 认证检查人员	24~80 小时(一个检查人员)
	• 管理培训工作(例如，维护培训数据库)	1~5 人·日(每个月)
• 执行 ITPM 任务	• 设计路线	2~12 小时(每条路线)
	• 为个人装备设计检查和测试方案	1~4 小时(每个装备体系)
	• 进入循环工作指令	0.5~4 小时(每个装备体系)
	• 开展路线任务	1~4 小时(每条线路
	• 开展 ITPM 任务	
	• 进行罐/槽的检查	2~8 小时(每次检查)
	• 进行管道检查	1~12 小时(每次巡检)
	• 进行转动设备检查	1~4 小时(每个转动设备体系)
	• 进行仪器/联锁装置检查	1~4 小时(每台装备/连锁装置)
处理 ITPM 结果	• 使用检查和测试结果软件	因软件不同会有很大差异
	• 审查结果	
	• 传送结果	0.5~4 小时(每条线路)
	• 审查个人装备：检查和测试结果(如检查报告)，进行必要的计算(如估算剩余寿命)	0.5~2 人·日(每条检查/测试报告)
实施 QA 方案	• 员工培训(例如采购，项目人员，货物存储)	2~24 小时(每人)
	• 进行库房质量保证任务	0.5~2 小时(每个任务)
	• 进行项目质量保证任务	0.5~4 小时(每个文件)
	• 复查文件(如说明书)	1~8 小时(每项检查)
	• 检查主要设备项目	因项目不同会有很大差异
	• 验证安装(如现场核实)	
设备缺陷管理	• 试用测试设备缺陷解决程序	1~5 人·日
	• 开发设备缺陷跟踪系统	1~5 人·日
	• 举行设备缺陷情况审核会议	1~2 小时(每场会议)

设备信息通常位于现场的设备文件中。由于设备的类型和设备档案资料存档的方法不同，导致了这些文件中的信息有所不同。通常，设备文件应包含这样的信息：

- 设备设计和建造数据，比如设计规范和标准、设计规格、竣工图纸、建筑材料、尺寸(如，壁厚、叶轮直径)和性能数据(如，压力安全阀(减压阀)的设置)；
- 服务历史，如在役时间、材料处理、服务中的变化；
- 检测、测试和预防性维修(ITPM)历史；
- 维护历史(如，失效记录)；
- 制造商提供的信息，如安装说明、尺寸规格和容许误差(如，轴颈或轴的直径)，螺栓材料和扭矩要求，垫片和O形圈材料要求，润滑油规格、维护和操作指令、测试和维护建议，以及性能测试数据(如，泵的性能测试)。

在该设施的过程安全信息中也可以找到这些信息。在现场没有任何可用的信息时需要从设备制造商那获得。如果制造商无法提供所需要的信息，设备人员必须挖掘信息，或者在合适的工程咨询公司的合同中挖掘信息。表4-1(第4章)提供了需要选定的设备类型的信息。

人员培训和认证。在第5章中，员工执行ITPM任务和其他任务(例如MI，设备维修)时需要接受各种类型的培训，并且在执行某些任务(例如，按照美国机械工程师协会(ASME)B3 1.3要求进行管道焊接)之前可能需要获得认证。必须对员工进行适应的程序培训。(如，ITPM程序、维修程序、质量保证程序)。为了使培训行之有效，应该做到：(1)确定有效的培训方法，让有经验的工人参与培训；(2)为培训师和学员合理分配时间，且与日常工作时间不冲突。为了解决这些问题，企业可以采用多种培训方法(见第5.2节中关于培训方法的更多信息)，并且应该制定一个培训计划，解决员工的时间问题。之后这个计划也可以用来估计完成初始培训所需的资源。培训所需的资源通常包括：

- 可能加时以补充培训人员的缺课；
- 培训员，培新材料和设施的成本；
- 支持培训和记录的管理时间；

承包商也需要培训。虽然这个活动可能不会像对企业员工那样进行大强度的培训，但也需要一定的培训资源：

- 获得和审查承包商安全及功能信息；
- 培训合同雇主代表和合同的员工；
- 审查承包商培训记录；
- 确保仅让训练有素的合同员工来执行工作；

实施ITPM任务并且管理ITPM任务的结果。在MI程序的最初实施阶段最消耗资源的活动可能是ITPM任务实施。实施ITPM任务通常始于：

- 组织频繁执行的任务，可将多台设备在同一维护周期内运行(如，润滑轮、振动分析轮)；
- 对个体设备项检查和测试任务进度；
- 按照需要将工作命令输入计算机化的维护(CMMS)。

在制定设备维护保养周期和单个ITPM任务的时间表时，应该考虑下列因素：

- 人力资源装备。在每周的同一天执行本周所有的活动或在月初时完成本月所有的活动是不实际的或不可取的。工厂员工应制定时间表，将周和月活动分成多个时间来完成。
- 安排有资质的人员来执行活动。

- 操作问题，比如哪些设备可以或不能在同一时间停用，以及是否具备设备停用的能力（如，储罐内部检查、安全阀拆除和检测、安全仪器系统(SIS)和联锁测试）。

大多数装置的维修计划和时间安排表提供了大部分人员需要完成的时间进度；但是，必须涉及生产管理，以确保生产和维护人员之间进行有效的沟通，沟通关于完成维护任务或活动的范围和相关设备停机的时间要求。如果某些 ITPM 任务用到外部承包商（例如，美国石油协会(API)5 10 压力容器检查)，可以考虑让他们参与时间调度过程或要求他们制定建议的进度要求和预算表。

一旦付诸实施，可以根据时间安排来确定实现这些任务所需的资源以及制定预算。在制定预算中，应考虑以下问题：

- 内部人员的要求和个人的 ITPM 任务；
- 承包商的选择；
- 所需要停用的设备；
- 周转时间表。

除了与 ITPM 时间表相关连的资源和预算要求外，制定实施 ITPM 任务预算时应该考虑下面的问题：

- 执行某些任务时用到的特定设备(例如，振动检测设备、超声波测厚仪[UT])；
- 管理 ITPM 项目和任务结果需要的软件；
- 检测某些设备的费用(管材的绝缘性)；
- 为了保持 ITPM 项目实施的高效性，对所需的设备/系统做一些改变。(例如，对有压力的设备安装隔断阀)。

处理 ITPM 任务结果所需要的资源包括检查处理结果的所需时间安排及确定纠正措施。包括：(1)每周几个小时，用于工艺员来检查每周线路的结果；(2)数小时用于工程师审查很多检查报告。此外，处理 ITPM 结果需要购买专业软件来收集和分析产生的大量数据。(见第 10.2 节中讨论了在 MI 项目中需要使用的软件的问题)

实施 QA 活动。实施 QA 活动需要的资源是所建立的 QA 计划的保证。这些资源包括：

- 获得并有效地使用 RAGAGEPs 文件及培训人员；
- 落实供应商和承包商质量保证计划；
- 为材料可靠性检查提供工具；
- 为接收和存储提供空间，以及为了维持所需的储存条件(如，湿度和静电控制)提供所需的设施/设备；
- 对员工进行接收和存储程序的培训。

设备缺陷管理。最初的实施成本可能导致设备管理不足。管理设备缺陷所需的资源包括人员和时间，用于：(1)制定和记录把设备恢复到初始规格/状况所采取的纠正措施，或实施临时纠正措施(如果合适的话)；(2)在设备缺陷未解决之前，跟踪其缺陷；(3)记录最后的解决情况。当最初实施设备缺陷决议计划时，资源可用于：

- 试点测试过程；
- 在 CMMS 或其他数据库中开发一个设备缺陷跟踪系统；
- 定期开展设备缺陷评审会议，以确保缺陷被及时解决。

因为变更管理(MOC)程序可以用于管理设备的缺陷，包括管理 MOC 程序的员工有助于设备缺陷的管理。

获取和使用软件。大多数设施都使用软件来实现和维护 MI 程序。包括用软件来帮助管理：(1)ITPM 任务进度和工作订单；(2)一些 ITPM 任务数据(比如，厚度测量)；(3)MI 程序文档(如规程)；(4)MI 培训活动；(5)纠正措施跟踪活动。第 10.2 节提供了使用软件程序的附加信息。

在 MI 项目实施阶段，设备人员需要：(1)确定需要的软件；(2)评估现有软件满足这些需求的能力；(3)如果必要，可修改现有软件或获得新的软件；(4)实施新的软件或修改现有的软件；(5)提供新的或修改后的软件系统的培训。在这个阶段维护软件供应商/顾问是一个有用的资源。

10.1.3　持续性

MI 项目应保持持续性，不仅包括执行在表 10-2 中列出的初始实施任务，还包含的要执行的新任务。这些新任务主要是：

- 提供持续的培训；
- 维护和改进现有 MI 程序，以及开发必要的新程序；
- 优化 ITPM 任务；
- 维护 QA 活动；
- 管理程序变化。

最初开发阶段培训项目通常会受到足够的重视，然而，有时却忽略了培训的持续性，保持培训的持续性是必要的。为培训的持续性分配资源和预算对 MI 项目的全面成功是非常重要的。持续的培训工作包括重复培训和培训新的主题。许多组织提供年度进修培训、集中探讨监管需求培训、要求有认证/资格的培训、以及安全工作实践活动。也有许多组织已经扩大了年度进修培训，包括评论：(1) 高风险或执行不频繁的工作任务和程序；(2)已被证明是比较麻烦的程序(即，常常不能正确执行的任务)。持续的培训预算也应该包括对新员工和再分配/提升的员工识别培训需求。对现有劳动力的新的培训内容可能包括新设备或新维修/检验技术。

Trevor Klutz，在《出了什么问题：工艺装置灾难事故案例》一书中写道，“过程都受到比影响钢制品更迅速的一种腐蚀；一旦管理层停止关注他们，他们将消失得无影无踪……”(参考文献 10-2)。如果没有进行持续的程序开发/改进工作，开发初始程序的价值将会很快失去。在程序用户发现错误或建议改进执行步骤时，可能需要持续的程序开发资源去更新和校正程序。同时，需要进行定期的审查，以确保它们保持现状和准确性，并且也应确保员工有效地执行程序。此外，新程序将需要像新任务一样被识别和实现。

一些 ITPM 任务的优化源于审核任务的结果(并且如果适用的话，可执行剩余寿命或类似的退役时间的计算)。优化可改变任务活动和任务的频率。ITPM 任务优化还涉及到应用风险管理工具来更好地了解潜在的失效(或实际故障的根本原因分析(RCA))，以便可以计划更适当的 ITPM 任务。

- 改进安全和环保性能；
- 延长设备的生命(如，通过识别，在损坏到不能修复的程度之前进行修理)；
- 更好的资金规划(因为更替重要设备的需求是需要更好的预测的)；

• 提高设备的可靠性，包括增加运转中的性能和由此产生的经济效益。

需要来自公司中各部门/组织的资源来维护 QA 活动。为了确保 QA 活动持续开展，应该确定一些资源，并将责任纳入相关工作职位的工作职责中。表 10-3 概述了需要的来自于不同组织的资源。

表 10-3　持续进行质量保证(QA)的例子

质量保证(QA)的区域	(QA)的例子	涉及到的人员
项目设计	• 规范评审 • 设计评审	• 项目工程师 • 工艺工程师 • 设备工程师 • 材料工程师 • 操作人员
供应商的选择和管理(项目和维修材料)	• 供应商资格评审 • 供应商审查 • 更新批准供应商名单 • 供应商绩效监控	• 采购人员 • 项目工程师 • 维修人员 • 库房人员
承包商的选择和管理(项目和维修材料)	• 承包商安全绩效和项目评审 • 承包商能力评审 • 批准承包商名单更新 • 为承包商代表和员工进行承包商安全培训会议	• 采购人员 • 项目工程师 • 维修人员 • 安全部门人员
设备制造(现场外)	• 供应商设备图纸审查 • 制造地访问 • 设备的检验和试验	• 项目工程师 • 外部无损检测承包商 • 检查员
设备制造(现场)和安装	• 设备检查和测试 • 检查，包括管道和仪表图(P&ID)验证 • 安装实践(如设备校准) • 现场承包商安全及 QA 审核 • 设备预投料试车活动	• 项目工程师 • 外部无损检测承包商 • 检查员 • 操作人员 • 手工维护人员
备件和维修材料的采购、接收、存储和发放	• 备件信息更新，包括采购信息 • 接收实践(如匹配的文书工作，标签目录) • 收据的检验和测验(如 PMI，目视检查) • 适当的存储的物品与特定的储存条件 • 库房库存控制实践和审计 • 发放实践和检查	• 采购人员 • 检查员 • 维修人员 • 库房人员

在表 10-3 中列出的一些资源由装置外部机构提供，如企业采购和项目工程。经验表明，外部资源，尤其是项目资金，通常比装置内提供资源需要更多的监管。这是因为：

• 与设备人员接触的外部人员经常改变(例如，不同的项目经理)；

- 外面的人员可能不熟悉设施的 MI 程序流程和过程；
- 装置外部人员的目标、目的，以及期望可能不包括过程安全和 MI 程序相关问题；因此，这些人可能没有意识到，他们的工作会影响过程安全性和 MI 程序。例如，公司项目工程师需要了解 MI 程序可以影响（有助于）承包商选择、设备制造、设备安装和项目启动等问题。

为了帮助减少这些问题，企业管理应该考虑：（1）在 MI 项目生命周期早期，参与人员应熟悉 QA 要求；（2）向外部人员传达 MI 项目的质量保证要求；（3）对外部人员通知或培训 QA 计划的政策和程序。早期参与到 MI 项目的人员可以帮助确保 QA 活动充分地和有效地结合到项目中。此外，可以提供设备代表来支持和帮助外部项目工程，并确保设备实施了质量保证要求。

定期更新 MI 项目是分配资源来维护程序所必需的。典型的项目更改如下：

- 组织机构变更。如果一个企业的组织机构变更，那么 MI 项目的职责可能也需要被改变。
- 工艺变更。工艺变更可导致 ITPM 任务和相关任务程序和进度的改变。
- 设备变更。当添加或更换设备时，需要更新 ITPM 任务和设备信息。

10.2　在 MI 项目中使用的软件

虽然使用纸质化管理系统也可能成功地管理 MI 项目，但大多数企业在管理许多 MI 项目活动时没有电脑是不实际的。通常，MI 中的最重要的计算机系统是企业使用的计算机化维护管理系统（CMMS）；但是，也使用其他 MI 计算机应用系统的。

10.2.1　CMMS 的使用

虽然现存的 CMMS 软件功能有显著差异，但几乎所有的 CMMS 软件包都包含 MI 项目所需的两个基本功能，即工作调度功能和工作指令功能。CMMS 应该能够跟踪一个 ITPM 任务到最后完成，计算任务重复的日期，并生成一个及时的工作指令。

此外，CMMS 通常用于管理单个 ITPM 任务和设备维修及更换任务。对于单个 ITPM 任务，通常是触发器生成一个工作指令，启动任务日程安排过程。该工作指令可以提供或引用所需的信息来执行任务，如设备项目、ITPM 任务描述、ITPM 任务程序和其他相关信息的位置。完成的工作指令可以用来记录一些 ITPM 任务结果：任务完成后的日期、执行任务的员工姓名、任务执行的描述、设备标识（如，标签号、资产编号）、任务的结果。由于，许多 CMMS 项目对一些 ITPM 任务生成的大量数据（例如，厚度测量数据、振动分析记录）的容纳能力有限，且一些程序可能无法执行必需的计算（如，腐蚀速率、剩余寿命），故企业经常补充额外的软件到 CMMS 程序中，专门用来管理来自数据密集型 ITPM 任务的信息（见以下部分关于这些软件包更多的信息）。

对于维修/变更的任务，CMMS 可以提供任务的过程信息，在执行任务时需要参考其他文档（如，制造商手册、许可证要求），以及管理设备缺陷的方法。工作指令或工作指令日志可将设备缺陷传送到受影响的人员。（注意，CMMS 可能需要通过其他形式的沟通来做补充。）CMMS 可以用来：（1）标识和记录纠正措施，包括批准的临时纠正措施；（2）跟踪缺陷设备，一直到进行了大修；(3)记录下设备缺陷的解决和校正结果。

CMMS 也常用于协助企业的备件和维修材料质量保证(QA)活动。大多数系统有以下功能，有助于确保只有正确的备件和材料被使用：

- 控制和生成采购信息，以确保订购了正确的备件和维修材料。
- 包括采购时的票据（或其他信息），和向适当的人员(如供应商、接收人员)传达备件信息(特定的 QA 要求)。
- 将备件信息结合到工作指令中，以确保从维修库房预订了正确的备件。
- 监控仓库库存来帮助确保有合适的备件可用。
- 跟踪备件和维修材料的使用。

CMMS 程序中有利于管理 MI 项目的附加功能是故障译码、费用跟踪和报告生成。CMMS 程序通常有能力进入工作指令的故障译码中。一个有效的故障编码系统可以识别设备类型(如，具体的泵型)或一些重复发生故障需要做进一步分析的设备(如，根本原因或故障分析；请参阅第 11 章关于这些分析技术的更多信息)。同时，CMMS 程序可记录与每个工作指令相关的劳动力和材料费用数据。这个费用信息可用于性能测量系统和 MI 项目管理的其他方面。最后，CMMS 应提供 MI 项目管理报告，如：MI 涵盖的设备列表、计划/安排的 ITPM 任务列表，完成的 ITPM 任务列表、逾期 ITPM 任务报告，以及设备缺陷状态报告等。

10.2.2 在 MI 项目中使用的其他软件

除了 CMMS，也可使用其他的软件包来管理 MI 项目的一些特定任务。其中的一些软件包括：(1)特定 ITPM 任务的软件；(2)培训管理软件；(3)文档管理软件；(4)与 MI 项目相关的风险管理活动软件。下面各小节将简要描述每种类型的软件。

ZTPM 任务数据收集和分析软件。使用专用软件包为一些 ITPM 任务提供一个采集数据的设备和管理生成的大量数据的接口。无损检测(NDE)技术(如涡流和超声测量)通常使用专门的软件包来检索从现场设备采集的数据，并且管理生成的大量数据。本软件通常用于：(1)记录数据，以便生成报告；(2)突出超标数据；(3)进行相关计算。

用于仪表和振动分析的专业软件提供了可用于分析仪器和旋转设备的类似功能。仪器校准软件通常包含与信息相关的工具目录(例如，型号、标签号、校准范围、校准公差)。这个软件：(1)与设备相联系，用于校准仪器；(2)帮助管理校准数据，具有记录数据、生成报告、确定超标数据、执行误差计算的特性。另外，在线仪表软件变得越来越普遍，在线软件可以在仪器失效而影响到系统性能前识别出有故障的仪器(如，变送器、阀门)。同样，可使用一些振动分析软件与现场振动分析仪来收集和分析振动数据。通常，振动软件可以记录数据、生成报告，并识别表明旋转设备故障的数据。计算机的应用在持续发展，开发人员可添加更多的功能，用于支持 MI 项目(如压缩机性能分析)。

培训程序软件。可以帮助 MI 项目管理的另一种类型的软件是培训数据库软件。通常，该软件提供了记录员工培训要求的方法，并且可以管理员工的个人培训记录。这些软件包通常包含以下功能：对新员工(或转换到新岗位的员工)定义初始培训要求，以及对现有的劳动力定义复习训练要求。软件应该能够为组织中的每个员工生成培训计划(通常每年一次)和训练安排。此外，此类软件通常包含记录每个员工接收的培训，并将信息维持在个人培训记录中的功能。这些记录通常记录了培训主题、培训日期、培训的持续时间，用于检查员工理解培训内容的方法，以及该员工是否成功地完成了培训内容。此外，这些软件包可生成各种报告，如验证需要执行某个任务的员工是否已经完成了培训或在审计时为企业提供了员工培训的证据。工厂经常会有其他的培训项目(如，操作员培训、安全培训)，可以为 MI 程序提供数据来源。

文档管理软件。文档管理软件对于许多维修组织是非常有用的，尤其是为了使 MI 程序行之有效，但对所需的书面程序没有管理经验的那些组织。这些软件包提供的文档结构和检索工具通常用于管理 MI 过程、设备文件信息和制造商手册。MI 程序必须确保最新的 ITPM 程序、维修/更换程序，设备文件信息和制造商手册对于维修人员和检查人员是可用和可得到的。使用纸质化系统比较困难和繁琐，且纸质化系统有丢失风险或设备文件信息和制造商手册唯一的备份纸质文件损坏。文档管理软件允许人员以电子格式来维护程序、设备文件信息、检验报告、和制造商的手册等，需要时(如，当发出一个工作指令时)可以被检索和打印。此外，其中一些软件包可以结合到 CMMS 程序中，以便所需文件与工作指令可以一起打印。

风险管理软件。第 11 章讨论了几个风险管理活动，人员可以在 MI 程序方面实现改进和优化。大多数的活动集中在改善 ITPM 任务上。与 MI 程序结合使用的最常见的风险管理方法是失效模式与影响分析(FMEA)、基于风险的检验(RBI)，和以可靠性为中心的维修(RCM)分析。

有一些软件包可以帮助员工执行和记录这些活动的结果。这种类型的软件用来协助研究组长构建分析方法，并且提供具体的分析工具(如，失效模式列表、评估损伤机制的标准)。通常情况下，这类软件可以用来记录结果并生成报告，其中一些软件包，尤其是 RBI 软件，包含依据完成的 ITPM 任务结果更新分析方法和分析结果的功能。

10.3 投资回报

MI 项目需要相当大的资源；大多数管理者都关注这些资源的投资回报。MI 项目期望在以下方面，得到回报：

- 设备可靠性；
- 费用规避(包括安全、环境和财务成本)；
- 遵守相关规则及行业协会承诺；
- 减少负债，以及减少损害企业声誉。

MI 项目的投资回报(ROI)取决于许多因素，如初始 MI 项目开发和实现之前的维修系统、组织规模、所需外部资源的数量。量化 MI 项目的整体投资回报率可能存在问题，因为衡量一些项目的效益是困难的。例如，确定和评估工厂里与防止火灾相关的效益、遵守政府的规章制度、保持市场份额(即，避免由于灾难性事件产生的负面宣传而造成市场份额丢失)产生的效益是非常困难的。下文简要介绍了上述每个部分的效益和产生的回报。

10.3.1 改善设备可靠性

MI 项目中行业的主要目标之一是用一个更积极的维护理念(参考文献 10-3)来取代“崩溃”的维修理念。ITPM 项目的基本目的是定义和实施任务/程序来检测设备出现故障和防止设备故障。对于许多设施，理念上的转变可以使设备的可靠性显著改善，一个有效的MI项目可以改善设施的预测能力，预测什么时候设备需要维修或更换。对设备条件的进一步了解，使设施有更好的维修和更换计划，减少意想不到的设备故障的影响。

此外，QA程序的支持提高了设备可靠性，帮助确保有合适的初始设计、制造和工艺设备安装。虽然这些活动可能会导致一些额外的前期成本，但它们在设备的生命周期内确保设备的可靠性是至关重要的。例如，用错误的施工材料安装设备或不履行安装标准(如，旋转设备校准标准)可能会导致提前失效，会同时产生设备维修和生产损失成本。

此外，解决设备缺陷的过程有助于确保：(1)对设备故障进行正确的管理；(2)跟踪设备的临时维修，直到它们被彻底地更正。(历史上，许多临时修理被遗忘了，直至故障发生，比最初的失效还要严重。)。此外，企业可以使用设备缺陷程序来识别慢性失效，然后可以进行RCA和随后的纠正。这些活动的目的是提高设备的可靠性，从而减少与设备故障有关的计划外停机，以及运营损失(如，生产损失)。

此外，MI培训和程序可提高员工效率，产生更统一的工作表现。一般来说，得到适当培训和获得最新的、正确的程序(以及其他相关文档)的人员将更稳定且高效地完成任务。这样提高了停机规划，并且消除了许多故障。

通过努力，这一节中描述的很多益处可以通过比较MI项目完成前和后的设备可靠性性能（如，过程可用性、计划外停机)和劳动力效率来量化(如，任务的重复工作，平均修复时间)。第12章提供了一些可用于这样的比较的业绩评估的建议。

10.3.2 成本规避

成本规避涉及因避免设备故障带来的回报。例如，检查储罐内部时，发现罐底减薄，可帮助工厂避免以下相关成本问题：

- 由于进一步的设备损坏增加的修理费；
- 如果发生泄漏，可能导致潜在的事故影响(人员或相关设备)；
- 如果发生泄漏，可能导致潜在的环境影响，包括清理成本和负面宣传；
- 潜在的非计划停工和相关的生产损失。

衡量这些规避成本的货币价值是很困难的。然而，在这个成本效益分析日新月异的领域，一些公司正在制造“等效疼痛”矩阵(类似于风险矩阵)和设计其他工具来进行这样的衡量。

10.3.3 遵循法规及行业协会承诺

对于许多组织来说，MI项目的一个目标是应符合有关规定和行业协会承诺(如，承诺遵守ACC的责任关怀计划)。监管成本规避，当需要量化监管成本时，计算依据：(1)发行日期的罚款额；(2)难以量化的行业利益和公司声誉。

10.3.4 减少负债，和减少损害企业声誉

MI项目着重维护设备的完整性，因此失效尤其是灾难性的失效，将不会发生。因此，一个有效的MI项目会将风险降低：

- 负面宣传或生产长期中断，可能导致丢失市场份额；

- 员工受伤，可能导致诉讼；
- 厂区外伤亡和损失，可能会导致诉讼；
- 负面的公众反应/看法。

此外，MI 程序，能有效预防设备故障，对员工的士气能有积极的影响，以及能促进良好的企业公民意识。

参考文献

10-1 ABSG Consulting Inc., *Mechanical Integrity, Course 111*, Process Safety Institute, Houston, TX, 2004.

10-2 Kletz, T., *What Went Wrong: Case Histories of Process Plant Disasters*, 4th Edition, Elsevier Science & Technology Books, Burlington, MA, 1999.

10-3 Occupational Safety and Health Administration, *Process Safety Management of Highly Hazardous Chemicals*, 29 CFR Part 1910, Section 119, Washington, DC, 1992.

11 风险管理工具

本章简要介绍一些工程风险为基础的分析技术，可用于协助：(1)检查、测试和预防性维护任务(ITPM)和频率；(2)推进 ITPM 决策成为一个基于风险的决策方法。具体来说，本章简要地讨论应用以下技术和工具来完成 ITPM 决策：

- 失效模式及后果分析(FMEA)和失效模式、效果；
- 危害性分析(FMECA)；
- 以可靠性为中心的维修(RCM)；
- 基于风险的检验(RBI)；
- 保护层分析(LOPA)类似的分析方法；
- 故障树，马尔可夫分析。

第 4 章概述了一种方法来确定设备 ITPM 活动，活动的主要依据是相关的法规、标准、建议措施、以及制造商的推荐做法(即认可和普遍接受的良好的工程实践[RAGAGEPs])。相关的 RAGAGEPs 规范提供了定义 ITPM 任务的做法。然而，当 RAGAGEPs 不明确时，确定这些任务变得更加主观。一些企业希望有一个系统化的、基于绩效的方法来实施 ITPM 活动，用以取代完全基于特定的 RAGAGEPs 的方法，因为这些 RAGAGEPs 可能不能完全满足企业的需求或保证其设备的完整性。这种情况的原因包括：

- RAGAGEPs 规定的 ITPM 任务和它们的频率可能不会充分解决一些故障，而这些故障是由一些有问题设备的实际设计和运行条件导致的。因为 RAGAGEPs 往往是一般的(即，解决最常见的损伤机制及适当的检查方法)，某些企业可能需要在 RAGAGEPs 的基础上增加或增强要求。
- 对于当前设备的运行条件，RAGAGEPs 的要求可能是不必要的或过于苛刻。
- 企业可能为了管理其资源，需要优先 ITPM 任务，包括允许选择设备“运行到出现故障”的决定。
- 对于一些重要的企业设备，相关的 RAGAGEPs 可能是不适用的。

近年来，企业已经采用基于风险分析的技术，致力于开发更加基于绩效的机械完整性(MI)计划。事实上，一些检验标准，如美国石油学会(API)510 和 API 570，已包含了基于风险的确定检验标准要求的规定(参考文献 11-1 和参考文献 11-2)。此外，发布 RAGAGEPs 的 API 和其他组织所制定的标准和推荐规程，鼓励使用基于风险的技术来确定检验和测试要求，包括：

- API 推荐规程(RP)580，基于风险的检验，API 公开出版物 581，基本资源文件 - 基于风险的检验；
- ANSI/仪器仪表，系统和自动化协会(1SA)-84.00.01-2004 第 1 部分(国际电气委员会[IEC]615 11-1 模块)，功能安全：过程工业部门的安全仪表系统 - 第1部分：框架，定义，系统，硬件和软件要求。

许多组织发现，利用风险分析技术来确定ITPM任务有几个好处，例如：

- 保证利用组织化、系统化和技术可靠的方法来作出决定。
- 更好地了解了系统操作和特种设备故障的原因/结果。
- 通过精确的风险评估，使得将MI资源分配更加科学合理，提高ITPM资源利用效率。

本章将总结上述提到的基于风险分析技术的一些重要属性。

11.1 用于MI项目的基于风险的常见的分析技术简介

这些分析技术都可用于帮助制定MI项目决策，但需要认识到运用这些技术的最佳时间，利用这些结果能做出怎样的决策，以及采用这些技术的其他相关问题(例如，时机、优势、资源等)。在一般情况下，这些技术在MI项目的典型用途如下：

- FMEA/FMECA能识别设备潜在的故障模式并确定优先级别，这些都是ITPM任务的需要解决的问题。
- RCM优化主动维护任务(例如，预测性维护、预防性维护[PM]、故障查找任务)，通常适用于动设备的功能故障分析(例如，泵失效，不稳定的控制)。
- RBI用于优化静设备(例如，压力容器，储罐和管道)及泄压装置的检验任务和频率。
- LOPA及类似的分析方法用来定义独立保护层(IPLs)，包括安全仪表功能(SIFs)(例如，紧急停机系统[ESD])。
- 故障树，马尔可夫分析，用以验证SIFs和IPLs设计满足期望要求(即，失效概率满足要求)。

表11-1总结了各种技术的不同的关键因素。

第11.3节~第11.6节提供了这些分析技术的附加信息。另外，还可以获得一些关于这些技术的详细信息的文章或出版物。如：

- FMEA/FMECA：化工过程安全中心(CCPS)，危害评估程序指南，第二版，包含示例；
- RCM：John Maubray，以可靠性为中心的维护和可靠性为中心的管理，RCMII；
- RBI：推荐的做法API RP 580，基于风险的检验和API出版物581，基本资源文件-基于风险的检验；
- LOPA：CCPS，保护层分析——简化的过程风险评估；
- 故障树，马尔可夫分析(适用于SIF计算)：ISA技术报告TR84.00.02-2002年1~5部分，安全仪表功能(SIF)-安全完整性等级(SIL)评价技术。

在讨论这些技术之前，接下来的几节将简单介绍一下基于风险的概念以及如何在MI决策中运用风险。

表 11-1 基于风险的分析技术概要

FMEA/FMECA	RCM	RBI	保护层分析技术	
			LOPA 及其可替代技术	故障树及马尔可夫分析
简要描述				
• 失效模式和后果分析是评价失效及其对过程或系统性能影响的一种方法，并对发生的失效提供合适的防护 • FMECA 是对失效模式及后果进行定性、半定量或定量风险分析的一种方法	对系统及其部分进行总体把握和分析：(1)利用 FMEA/FMECA 分析潜在失效及其对过程或系统性能影响；(2)利用决策树或类似工具制定出合适的风险管理策略	• 通过对 MI 项目中的设备进行失效概率和后果进行分析，从而进行风险评估和风险管理 • 它集成了传统的 RAGAGEPs 标准的灵活性，通过识别高风险设备和失效机理，并重点关注和优化高风险设备以降低风险	• LOPA-是对项目进行半定量风险分析的一种方法。每一种方案，根据相关的服役苛刻度和初始事件的发生频率不同会导致不同的后果。通过评估独立保护层以降低风险，可增加保护层，如安全仪表系统来使目标风险满足要求 • 可替代方法-目的与 LOPA 相同，通常使用更定量的方法，如事件树分析方法	定量风险分析工具，用以估计不可靠度(保护层的要求故障率，包括安全仪表系统)
设备类型				
机械(如，泵、压缩机)与电动设备	所有的设备类型，机械(如，泵、压缩机)与电动设备、仪表系统尤其适用	压力容器、储罐和管道系统。另外，最近应用与压力释放系统	工艺控制和安全联锁系统，报警响应，应急救援设备以及其他独立保护层	工艺控制和安全联锁系统，报警响应，应急救援设备以及其他独立保护层
建议的应用				
那些失效模式的原因及其对工艺流程性能影响都未知或者不是非常清楚的关键、复杂系统	那些失效模式的原因及其对工艺流程性能影响都未知或不是非常清楚的关键、复杂系统	用于在役压力容器、储罐和管道系统、压力释放系统的损失控制	处理需要深度评估的高风险事故情况(如，火灾，爆炸)，通过工艺危险性分析确定保护层是否满足安全标准。另外，确定安全系统要求的故障率，特别是安全仪表系统	评估/证实安全仪表系统、独立保护层设计满足要求的故障率(通常利用保护层分析或其可替代技术来确定)

续表

FMEA/FMECA	RCM	RBI	保护层分析技术	
			LOPA 及其可替代技术	故障树及马尔可夫分析
结果在 MI 决策中的运用				
• 识别 ITPM 任务中需要解决的失效模式和失效原因 • 给出风险/可靠度排序，从而建立 ITPM 任务的频率及优先顺序	• 对应失效模式和失效原因，确定合适的 ITPM 任务的频率 • 给出风险/可靠度排序，从而建立 ITPM 任务的频率及优先顺序	• 确定设备的检验策略(注：检验活动主要基于 API 检验标准，根据风险调整范围和频率) • 利用检验结果重新确定检验范围和频率，管理失效风险	• 不直接或详细定义 ITPM 任务及频率 • 可用于识别 ITPM 任务需要解决的关键安全系统	确定使安全仪表系统(其他独立保护层)能够达到期望故障率的检测频次
结果在其他 MI 决策活动中的运用				
• 可用于设计质量保证体系，作为识别潜在失效风险的一部分 • 用于识别导致系统失效的错误维护，这应该通过培训和制定规范程序来解决 • 能用来制定设备故障处理指南	• 可用于设计质量保证体系，作为识别潜在失效风验的一部分，并开发风险管理策略(如：重新设计和开车情况) • 用于识别导致系统失效的错误维护，这应该通过培训和制定规范程序来解决 • 能用来开发设备故障处理指南	通常，不运用于其他 MI 决策活动中	在设计阶段中用于建立独立保护层，包括安全仪表系统的 SIL 等级	在设计阶段中用于确定安全仪表系统特定的设计要求(如：失效概率目标的安全冗余等级)
运用时机				
ITPM 的初始开发阶段，其时，任务不够明确或现行的 ITPM 结果不够充分	• ITPM 的初始开发阶段，其时，任务不够明确或现行的 ITPM 结果不够充分 • 系统/设备的起始设计阶段，用于识别改进可靠性和完整性的机会，这个时机能产生最大的价值，但是目前很少这么做	• ITPM 的初始阶段 • 优化原先的检验计划 • 在项目进行过程中优化常规检验	• 工艺及其安全系统的初始设计阶段 • 检查或确认工艺装置现行系统的完整性	• 安全仪表系统或独立保护层的初始设计阶段 • 检查或确认工艺装置系统中安全仪表系统或独立保护层的完整性

续表

FMEA/FMECA	RCM	RBI	保护层分析技术	
			LOPA 及其可替代技术	故障树及马尔可夫分析
资源要求				
不确定-可能只是简单将 FMEA/FMECA 结果（如：模板）运用于标准设备类型，进行资源需求大的 FMEA/FMECA 则需要可靠的人员、维护人员、操作人员、工艺工程师和其他所需的工程专家	资源需求巨大，但可以通过运用 FMEA/FMECA 模板或采取常用的 ITPM 计划减少资源需求。减少资源投入也会减少 RCM 的一些功效（如，特定设备的失效管理策略）	和传统项目相比需要较大的前期投入，但通常回报较快	• LOPA 资源需求中等。需要（开始时）进行工艺危害性分析以确定事故类型，并需要一个团队来评估独立保护层是否足够 • 可替代方法（如事件树分析）需要更多的资源，其资源需求度取决于独立保护层的数量和复杂程度，还需要获得并利用失效数据和确定独立保护层期望故障率的模型	• 中等至高需求，取决于安全仪表系统和独立保护层的数量和复杂程度。还需要获得并利用失效数据和对安全仪表系统和独立保护层建模的分析技术 • ISA 已经开发了确定安全仪表系统和独立保护层期望故障率的简化公式，这些公式可以减少资源需求
优点				
• 彻底的、有逻辑的识别和评价系统失效及其重要程度（根据对系统/工艺的影响）的方法 • 根据风险或可靠性排序确定设备失效的优先顺序的客观方法	• 彻底的、有逻辑的制定 ITPM 计划的方法（例如，当没有 RAGAGEPs 可供参考时，提供 ITPM 任务基础） • 有效评价系统设计并制定合适的风险管理策略	• 比单纯给出检验结果更加注重于风险控制 • 代价小 • 不容易忽视高风险隐患	• 和其他方法相比，LOPA 更为简单 • 客观评价独立保护层是否充分（即更少的经验判断，更多的定性方法）	• 复杂、严格，对于普通的失效模式两种方法均适用。马尔可夫分析特别适用于评估为保持系统功能完整的检测、维修和升级时间安排 • 客观评价独立保护层是否充分（即更少的经验判断，更多的定性方法）
缺点				
• 资源需求量巨大 • 只能识别单一的初始失效事件 • 结果在某种程度上取决与分析人员对系统的了解程度	• 资源需求巨大 • 只能识别单一的初始失效事件 • 结果在某种程度上取决于分析人员对系统的了解程度	• 和传统项目相比，建立和维持需要更多的知识和培训	容易产生过于保守的结果（如，和相同工艺控制系统联锁）	• 资源需求巨大 • 很高的配需求

11.2 MI决策风险探析

MI项目的一个主要目标是减少由于设备故障而导致的不可靠性(参考文献11-3)。MI项目通过识别和采取措施防止设备失效来达到这个目的，在对系统的性能、安全性或环境造成影响之前，检测出设备故障或潜在设备隐患。基于风险的分析技术可用于识别潜在的亏损风险，然后评估他们的不可靠性。基于上述分析，该装置的工作人员可确定MI任务来有效减少这些亏损事件。

风险是不期望事件的后果和概率的组合。后果可能包括安全、职业健康、经济、环境或其他类型的潜在损失。概率是一个不期望的事件的发生频率(例如，设备故障)或不期望的事件发生的平均频率，例如，一台机器每年发生两次故障，每次故障造成100000美元损失，另一台机器每年发生10次故障，每次故障造成20000美元损失，其风险是相同的。一年时间，每一台机器故障，均会导致20万美元的生产损失。这两台机器的经济风险是相等的(每年美元计)。这个例子以美元为单位来计算以说明风险的计算。其他不良后果(如，安全、环境)可用其他单位来计量，如每年受伤人次，每年火灾受灾面积，或每年化学品泄漏量。

了解一个系统的风险，可以帮助开发基于绩效的ITPM策略。识别较高风险区域为降低风险提供了更好的机会。可以通过比较系统、系统功能和组件的失效模式建立优先级。此外，风险表征工具，可用于MI任务制定过程中预测措施的有效性。分配任务时，目标是要减少故障的风险到一个可接受的风险阈值，它可以被认为是“平衡风险”。当所预防措施将风险有效地降低到可接受的阈值范围内，风险被认为是在平衡状态下的。

可接受的阈值被称为风险接受准则，即：对一个既定后果，决策者愿意接受损失程度。可接受的损失会因多种因素而变化，包括损失的类型、损失的大小、受损失的是个人还是团体。风险超过风险接受准则需要采取行动以降低风险。

用于MI决策(和其他风险决策)的一个常用风险表征工具是风险矩阵。风险矩阵一个轴为后果，另一轴为频率。图11-1是一个风险矩阵的例子，水平轴为频率，纵轴为后果。通常定义了后果及频率的等级(即，后果和频率的范围)。这些评级可以是定性的(例如，无关紧要的，灾难性的，非常微小，频繁)或定量的(例如，每年的1~10次，100万美元至1000万美元)。风险矩阵中的每个单元表示的风险由对应的后果和频率来确定。此外，通过定义风险矩阵每个单元格的风险水平(例如，高风险、中高风险、中风险、低风险)，风险接受准则也包含在风险矩阵中。其结果是一组单元格具有相同的风险水平。然后，使用这些风险等级确定风险的接受标准，哪些风险等级需要降低，哪些是可以接受的。风险接受准则往往是一条线，将风险矩阵分为两个区域：可接受的和不可接受的风险。

另一种风险处置措施被称为“最低合理可行(ALARP)”原则。ALARP风险矩阵通常包含三个区域：无法忍受的风险、可以忽略不计风险和ALARP。图11-1还提供了一个包含这三个区域的风险矩阵。不可接受风险区域的需要采取措施将风险降低到的ALARP区域或可以接受的风险区域。风险在可接受的风险范围，不需要任何行动。ALARP区域中的风险，应进一步评估，以确定是否可通过合理的措施降低风险。要使用风险矩阵，分析人员应该：(1)选择一个损失事件(例如，易燃物质泄漏引起的火灾/爆炸)；(2)确定事件的后果和频率等级；(3)在风险矩阵上标识风险等级；(4)根据风险等级做出决定。

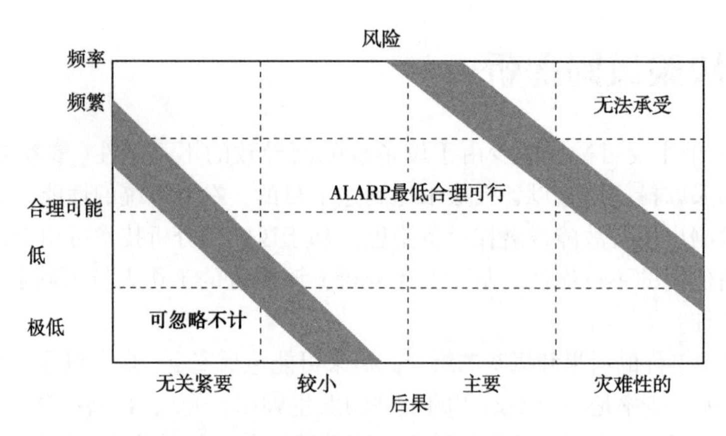

图 11-1 ALARP 区域的风险矩阵示例(参考文献 11-4)

11.3 FMEA/FMECA

工业上已经将 FMEA 技术用于：(1)识别复杂系统潜在设备故障；(2)掌握的失效对系统性能(例如，安全性的影响，操作问题)的影响；(3)确定是否提供了足够的保障(例如，设备保护系统)；(4)确定设备和系统的改进。FMEAs 已被用于对许多不同类型的系统进行评估，特别是机械和电气系统。FMEA 在 MI 中最常用于分析关键设备和复杂的系统，特别是故障原因及其对流程/系统性能的影响(效果)未知或不是很清楚的情况下。

FMEA 是一种归纳推理方法：(1)考虑设备如何失效；(2)确定故障对工艺或系统性能的影响；(3)确保对保障有适当的防护(包括适当的 ITPM 任务)。FMEA 的另一个版本是 FMECA。FMECA 是一种利用定性、半定量或定量风险评估失效模式及其影响的 FMEA 方法。

FMEAs 在设计过程中经常被用来识别和评估机械和电气系统的潜在故障，也可以用于现有系统以了解潜在故障，故障的影响及现有的防护措施。这些失效为装置人员提供了识别设计改进和制定 ITPM 任务的基础。此外，FMEAs 还可以识别：

- 设备失效的后果，使设施工作人员明确哪些设备失效对设备完整性是最重要的。
- 识别设备失效的原因，从而可选择 ITPM 措施来解决潜在原因(FMEA 团队还可以评估是否有其他手段更为合适，如操作人员的培训、优化操作程序等)。
- 设备失效的风险，从而对设备失效进行排序，并分配适当的资源。

FMEA 通常涉及以下步骤：

- 第 1 步-确定要分析的设备和工艺。
- 第 2 步-确定在分析过程中需考虑的后果。
- 第 3 步-将工艺细分为子系统或设备部件以便分析。
- 第 4 步-确定系统潜在的失效模式。
- 第 5 步-评估潜在的故障模式可导致的后果(列出潜在原因和防护措施，评估风险，改进建议)。
- 第 6 步-进行定量评估(视需要)。

表 11-2 提供了一个 FMEA 示例工作表(参考文献 11-5)。FMEAs 一般都是由熟悉系统

设计、操作和维护的人员组成一个团队进行。团队的领导者应该具有分析技术的专业知识，并推进和记录分析过程。FMEAs 的其他信息可以在 CCPS 出版的图书(危险性评估程序指南，第二版，带示例，参考文献 11-6)上查找。

FMEA 和 FMECA 可以用在 ITPM 任务规划过程中更好地了解设备故障造成的影响，通常为损失事件(例如，安全事件、环境污染、生产停机等)之间的因果关系。此特点使 FMEA 和 FMECA 成为 ITPM 规划过程中的一个有用的工具。其优点包括：

- 识别 ITPM 任务应重点关注的特定的设备故障模式/原因。
- 记录的 ITPM 任务决策的理由，特别做出任其运行，直至发生故障的决定时。
- 风险分级，可用于优先分配 ITPM 资源。

尽早确定分析的详细程度是成功利用 FMEA 和 FMECA 制定的 ITPM 任务计划的关键。分析的细节太少可能无法提供所需的信息。另一方面，太多的细节会增加分析的时间和精力，得不偿失。通常情况下，FMEA 的详细程度可以由 ITPM 任务来确定(例如，泵，罐，容器，管道线路等)。

表 11-2 FMEA 工作表实例

编号	部 件	失效模式	后 果	安全设施	安全措施
1	温度控制阀(TCV-201)	a. 无法打开	HCl 塔过热，潜在超压危险和 HCl 泄漏	• 温度显示仪表 • 高温报警和联锁 • 额外的塔冷凝能力(更多冷凝器)	• 增加高压报警 • 制定一个在高温时操作工使用的紧急事件检查表 • 阀功能测试与校验
		b. 无法关闭	HCl 塔冷却，无严重后果	—	
		c. 外漏	物料损失，无严重后果	—	
		d. 内漏	• HCl 塔过加热，速度较慢 • 潜在超压危险和 HCl 泄漏	• 温度显示仪表 • 高温报警和联锁 • 额外的塔冷凝能力(更多冷凝器) • 操作人员有足够的时间诊断问题并隔离 TCV-201	

11.4 RCM

RCM 分析技术用于确定维护任务，包括 ITPM 任务。具体而言，RCM 可在 MI 项目中用来评估关键和复杂的系统，以确定：(1)哪些潜在的故障更重要(即，高风险)；(2)解决失效所需的 ITPM 任务和频率(即失效管理的最佳战略)。RCM 最早开发用于航空业，后来扩展到其他行业，RCM 提供了一个系统的方法来识别可以影响过程或系统的性能的潜在故障。对潜在故障的特性进行评价，以确定：(1)合适的维护任务；(2)可能的设计或操作优化(称为 RCM 优化)。RCM 方法是基于系统地回答以下七个问题(参考文献 11-7)：

(1) 什么样的过程/系统功能需要保留？(工艺安全性，这些功能通常确保含有的有害物质符合安全标准或减轻危害性。)

(2) 什么样的原因会导致系统不能实现这些功能(例如，会发生什么样的功能失效)？

(3) 什么样的具体设备故障可引起功能失效？

(4) 发生故障时，会发生什么情况(即，对系统的影响)？

(5) 为什么失效关系重大(即，后果的严重程度)？

(6) 应该做些什么以检测或防止故障(例如，主动维护，如 ITPM 任务)？

(7) 维护不当或无效时应该做些什么(例如，设计或操作优化)？

RCM 分析通常采用两种分析工具来回答这些问题：FMEA 和决策树。FMEA 是用来帮助回答问题(1)至(5)，决策树是用来回答问题(6)和(7)。表 11-3 提供了一个 RCM 分析中的 FMEA 例子，图 11-2 提供了一个 RCM 决策树的例子。图 11-2 中：可用及有效意味着任务是技术合理同时又具有成本效益的；可接受风险是指符合接受标准而不需要再被降低的风险等级；可容许风险是指已降低到可接受程度的风险等级。

表 11-3 RCM FMEA 工单例子

设备：泵 1A，包括变速箱及马达

失效模式	失效特征	隐性/显性	影响			风险特征				
			局部	功能失效	结果	C①	UL②	UR③	ML④	MR⑤
外漏	损耗	显性	有害物质泄漏	物料损失	可能导致员工伤亡	严重	偶尔	中等	极少	中等
停机	随机	显性	在备用泵启动之前造成物料中断	物料输送时间长	短暂的生产中断	轻微	经常	中等	偶尔	低
退化	损耗	显性	物料减少	物料输送时间长	生产效率下降	中等	偶尔	中等	极少	低

注：风险特征缩写：

①："C"代表后果(严重性)；

②："UL"代表不能缓解的概率；

③："UR"代表不能缓解的风险；

④："ML"代表可缓解的概率；

⑤："MR"代表可缓解的风险。

RCM 分析通常包含以下步骤：

- 第 1 步-定义系统和它的界限；
- 第 2 步-定义系统的功能及功能失效；
- 第 3 步-进行 FMEA；
- 第 4 步-选择失效管理策略(例如，维护任务、设计或操作优化)；
- 第 5 步-根据风险完成失效管理策略。

需要一个团队来进行分析工作。这个团队通常由熟悉系统的设计、操作和维护的人员组成。团队的领导者应该具有分析技术的专业知识，并推进和记录分析过程。表 11-4 提供了一个的 RCM 分析任务选择的例子。

关于 RCM 已有许多著作，其中两本比较好：《以可靠性为中心的维护》和《可靠性为中心的维护：RCMI》。此外，汽车工程学会出版了 RCM 标准，JA1011，以可靠性为中心的维护评价标准。

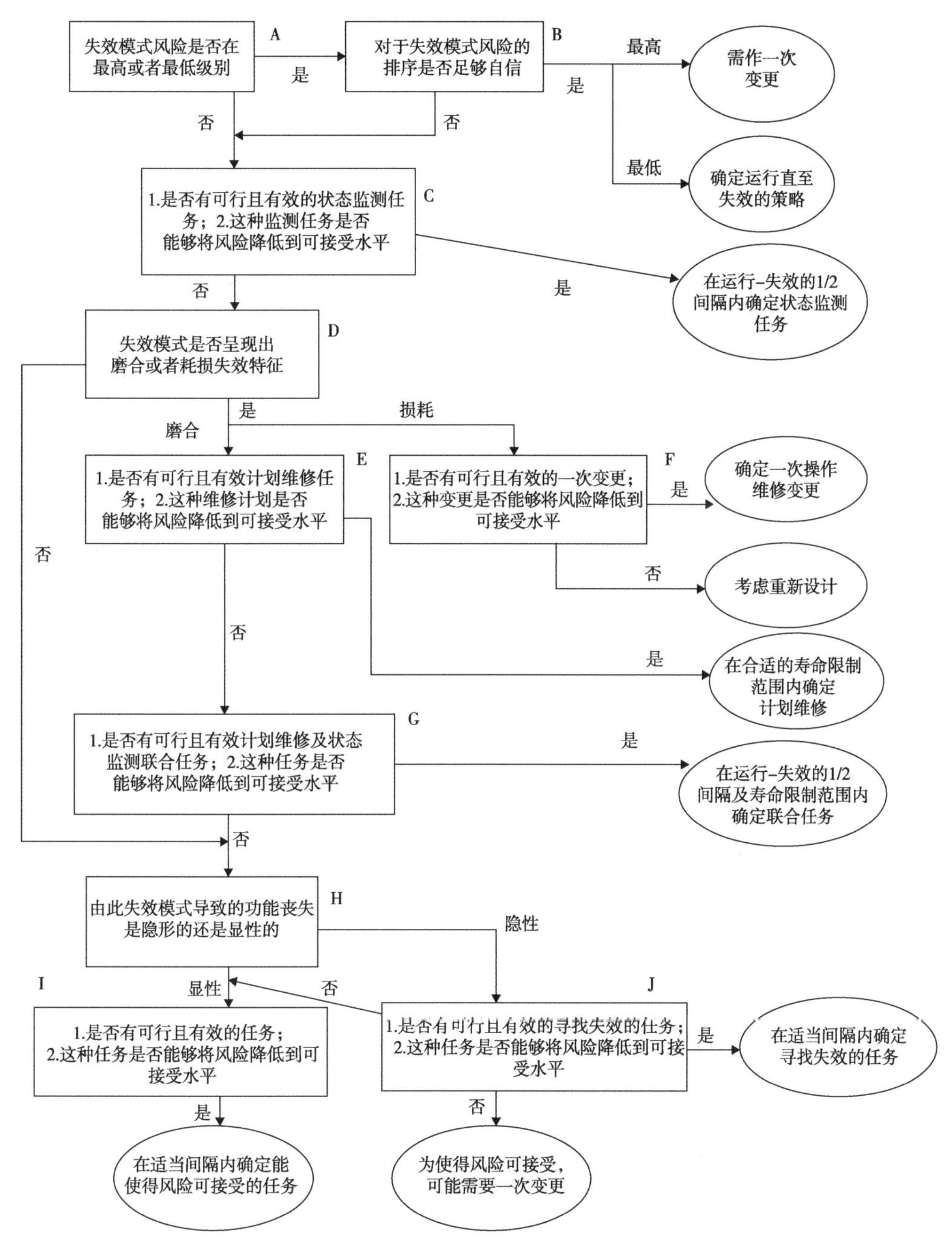

图 11-2 RCM 决策树示例

表 11-4 泵 1A 最终失效管理策略选择

当前维护		通过 RCM 优化后的维护	
任务	间隔	任务	间隔
振动分析	不采用	振动分析	1 周
重新组装	6 月	重新组装	1 年
润滑	3 月	润滑	1 月
目视检查	1 周	性能监测	1 周

11.5 基于风险的检验

用RBI规划检验计划在化工行业(CPI)正变得越来越普遍(参考文献11-7)。RBI是一种通过评估工艺设备失效的可能性和后果，来进行风险评估和风险管理的工具。它集成了传统的RAGAGEPs标准，同时具有灵活性，通过识别风险较高的设备，进行重点关注和优化，从而降低风险。RBI通常用于制定和优化压力容器、储罐、管道、设备和安全设施的检验计划。为了协助RBI项目制定和实施，API已出版了API RP580，基于风险的检验，作为一个推荐的做法和API出版物581，基本资源文件 - 基于风险的检验，作为进一步实RBI的指导文件。

目前RBI方法主要侧重于压力容器、储罐和管道，并评估会受到检验工作影响的相关的损失风险。这种方法通过系统地分析设备失效机制、条件，应用最适当的检查技术，将更多的精力放在具有较高风险的设备上。

常规程序重点不突出，往往事倍功半，几乎在规定的时间间隔内检验所有的设备(例如，压力容器、储罐、管道等)。许多应用常规检验策略的装置使用过量的超声波厚(UT)，浪费大量人力用于处理测量数据，忽视关键设备。成功的RBI程序能根据前面轮次检查的信息，通过规则、策略来指导制定或优化下一轮的检验计划。常规程序在调整检查覆盖范围或频率时，很少有指导意义。RBI程序在优化检验计划时更为敏感，在大大减少检查和生产成本的同时降低风险。图11-3说明了风险水平和检验成本的关系。

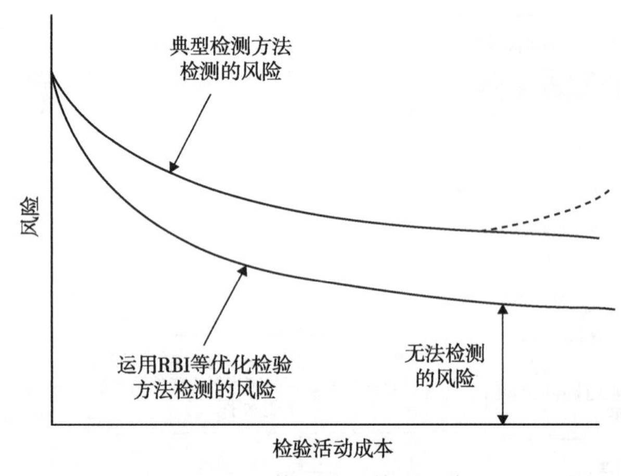

图11-3 使用RBI管理风险

检验措施聚焦于较高风险的设备，能用相同的精力和成本产生更大的效益。如图11-3所示，一些设备风险是不可能通过检查来降低的，这种风险可能由设计、操作或维修问题而产生的。另外，常规检查会导致数据过于繁杂。

因为RBI程序的实施往往涉及大量的成本和时间，许多企业使用项目管理程序来指导该过程。RBI方法和实施的专业知识是必需的。不管是内部的专业人员还是外部的RBI咨询顾问，企业必须制定工作流程和检验策略、提供相关培训和软件。也需要对企业的检查资料、工艺技术人员、运行和维护等团队加以利用，以提供专业技能上的支持。企业的腐蚀工程师、设备工程师，风险分析师也应参与。RBI不同于传统MI的特点是：

- 设备和工艺数据。数据需求与第4.1.3节讨论的ITPM规划的数据需求是类似的，但需要更全面的分析。必要的设备数据包括：设计温度、设计压力、材料、尺寸、应力释放具体细节、保温、涂料/内衬、目前的状况、先前检查的数量和类型。此外，需要下面的工艺信息：工艺流程、物料性质、工作温度、工作压力、易燃性、毒性和库存。分析将集中于正常/常规工艺流程，但是，非常规操作模式(如，开、停车)和能够加速设备损坏的异常情况也需要考虑。

- 风险建模。分析人员需要确定泄漏可能性和后果的基本方法。企业通常使用计算机软件进行协助，正确地解释结果，但工作人员必须了解使用的方法和假设。
- 检查方法。RBI 程序使用一组规则或准则确定相应的检查方法、检查级别、最大的间隔时间。根据每个设备的风险等级、设备类型和退化机理，这些准则提供制定检查每件设备计划的方法。
- 制定检查计划。RBI 根据目前的检查结果，将数据输入到风险模型，重新计算风险等级，并在检查方法和检查人员的专业知识基础上，修改相应的检查计划。
- 管理系统和工具。RBI 普遍采用工作流程和计算机工具收集、解释、整合和报告检查的数据，以及计划和安排检查任务。RBI 程序的管理还涉及到正常、异常和趋势报告。

图 11-4 是 RBI 的流程图。需要注意的是，在工作过程的前端和更新阶段，RBI 需要进行的活动和传统的 MI 方法明显不同。用阴影框、进入和流出那些方框的箭头来表示这些活动。以下各段提供了这些前端流程的概述。

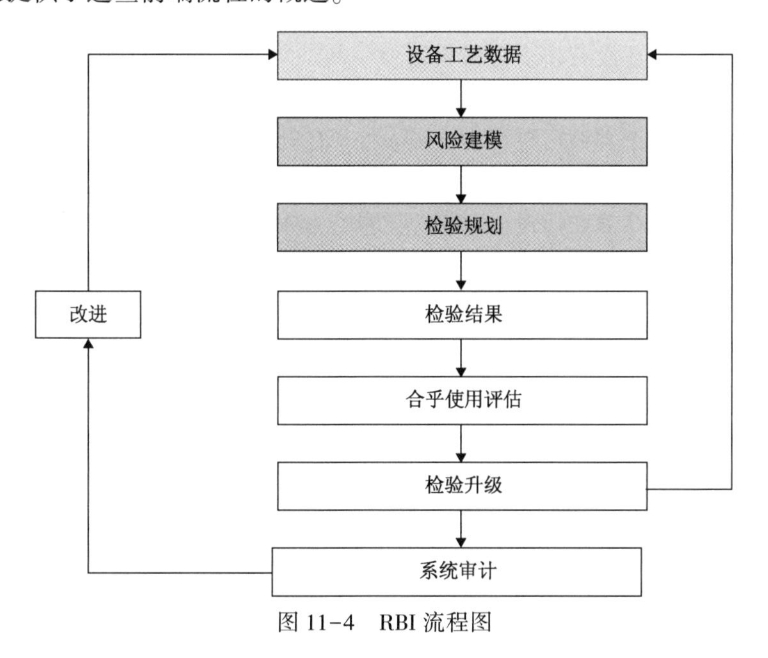

图 11-4　RBI 流程图

11.5.1　设备工艺数据

RBI 以正式的“腐蚀研究”，确定潜在的损伤机制。损伤机制可以是腐蚀、开裂、或其他退化类型的任意组合。因为检查着重于已经确定的损伤机制，所以未能识别出的潜在损坏机制可能会导致非常重大的设备损坏。另外，腐蚀速率显著影响失效可能性的风险等级评估和检查时间间隔的确定。

腐蚀研究应涉及所有有关人员(例如，检验、工艺操作、维护、冶金、腐蚀工程师)，这些人员应该有获得所有可用信息的途径。研究的重点主要在正常/常规的工艺流程上，但是，也应考虑非常规(例如，开车、停车)或异常的情况，因为它们会加速设备损坏。例如，如果系统平均每年遭受一次酸污染，或一个冷却器结垢，工艺温度变高，这些对设备有显著的影响。在某些情况下，设置设备的关键操作参数是可取的。如果这些参数超标，程序应包括通知检验部门的措施。在这项研究中，当前状况及设备过去的服役历史都应审查，以确保文字记录是完整的。腐蚀研究提供了风险评级的依据，其结果应记录在案，以备将来参考。

11.5.2 风险建模

工厂用 RBI 中的风险模型对设备检查的顺序进行排序。排序没有必要非常精确。应对系统中每件设备和每条管道进行风险评估，每次检查后，将重新计算风险，因此评价必须是快速和容易的。在正常工作过程中，通常需要一个自动化的系统，这个系统是由经过培训的检查员或检查工程师来运行的。

API RBI 方法，介绍了几种不同的分析：定量，半定量和定性。不同的项目使用不同的组合，但大多数是混合使用定性和定量的方法(即半定量方法)。

后果模型的详细审查超出了本书范围。后果模型通常包括一个简化的泄漏和扩散模型来描述有毒物质的泄漏、火灾或爆炸的影响区域，及一些可用的环境后果数据。但这些特定事件输入的数据的使用可能会受到限制。在一般情况下，通过评估工艺物料性质、泄漏的大小以及泄漏的持续时间来确定后果的严重程度。需要考虑下面的问题：

- 什么样的化学品还没有建立分散模型？
- 如何处理各种不同的化学混合物？
- 如何处理产生多个类型后果(例如，易燃、有毒)的设备？
- 如何确定泄漏持续的时间？
- 程序的简化、默认值和假设，对模型影响？例如，如何确定泄漏检测和隔离时间？

在 RBI 项目开始之初，公司决策者必须理解和适应这些假设和后果模型。当检查计划实施完成后，得重新输入风险排序，从而公司人员必须重新制定检验计划，这会增加一定的成本。

失效模型中的概率(频率)是基于多方面的因素。影响概率评估的参数包括：通用设备故障率、设备类型、管道尺寸。对一些初始设计的稳健性(过度设计，安全因素，复杂性等)的评估也包括在内。API 提供了针对不同的失效机制的技术模块。这些模块的主要输入包括预测条件下检查的有效性，直到下一次检查。确定失效可能性通常受对设备当前实际工况和实际损坏率的了解程度的影响。此信息可从 API 的基本资源文件 - 基于风险的检验中获得。

在最初的风险等级确定后，应对结果进行审查，检查输入错误并确定后续检查。例如，因为检查数据的缺乏，会导致在腐蚀的研究中，保守估计压力容器的腐蚀速率为 0.005 英寸/年，但根据评估结果仍然会认为此容器具有很高的失效风险。这是为什么？也许容器已经服役 40 年(40 年×0.005 英寸/年=0.200 英寸的腐蚀损耗)，基于所输入的腐蚀速率，壁厚几乎腐蚀殆尽。根据几个测厚数据会认为 0.001 到 0.002 英寸/年腐蚀率是比较合理的，从而忽视即将发生的失效风险。

11.5.3 检查计划的制定策略/指南

对于每个设备类型和损伤机理，都需要一个策略来指导检查的执行，确定每次检查的范围和复检的时间间隔。用于检查指导的方针能保持检查的一致性，并简化新检查员的培训。

检查的覆盖面和检查间隔时间可能会根据设备的风险等级有所改变。如果决定使用承包商的指导方针，对特定设备开始实施检查计划之前，应该对指导方针进行审核和修改，以确保该承包商的指导方针符合该公司的做法和政策，以及符合相关的法律法规要求。表 11-5 是一个检查策略的简单例子。

表 11-5 压力容器检查策略示例-外部目视检查确定外部损伤

	风险等级			
	低	中	中高	高
最小检查范围	100%外部目视检查	100%外部目视检查	100%外部目视检查	100%外部目视检查
最大间隔(次/年)，或 1/2 剩余寿命	15	10	10	5
法律法规允许的最大间隔	由法律法规确定	由法律法规确定	由法律法规确定	由法律法规确定
检查可信度 • 无保温层 • 有保温层	 很高 中等	 很高 中等	 很高 中等	 很高 中等

压力容器外部目视检查用以识别这些部件的外部损伤，防止失效。外部损伤可能包括外部腐蚀、保温层下的腐蚀、疲劳可能导致法兰泄漏的因素，或其他失效模式的迹象。

表 11-5 中，受到 API 压力容器检验规范、半预期剩余寿命的、法律法规要求的限制，根据风险等级不同，检查间隔时间也不同。目视检查的可信度用于一些决策。例如，对具有高风险等级的设备遭受保温层下的腐蚀，检查人员可根据自己的判断，进行额外的检查。此外，可根据检查策略为不同的风险等级的设备调整检查范围，或要求更先进的检测方法(有不同程度的覆盖面)。

11.5.4 RBI 其他事项

实施 RBI 时，为保证 RBI 项目的成功，公司人员必须对一些额外问题进行适当的管理。以下各节简要讨论这些问题。

管理系统和软件。设备的数据处理量、检查工作计划和检查间隔的变化和工作过程的复杂程度都会随 RBI 项目的进行而增加。(请注意，检查的数据量应适当减少。)协调不同的用于风险建模、检验计划和时间安排的软件，只要风险等级不升得很多，对一些概率上升的低风险事件的检查数据保留余地。检查策略或指导应控制这些风险的波动，但应通过定期检查各个风险等级(即风险矩阵上每个单元)的影响人群，并注意趋势，跟踪和监控 RBI 的效果。设计、工艺或操作发生变化时，如果检查不能有效降低风险等级，定期审核也有助于确定风险较高的受影响人群。

程序具有不同程度的权限和广泛的数据获得途径。第 10.2 节中包含有用于管理检验数据和进行 RBI 研究的软件的扩展信息。

变更管理(MOC)反馈。为了保持 RBI 程序符合工厂的实际操作条件，当工艺、操作或设备发生改变时(例如，更换、大修、材料升级等)，需要更新程序。工厂变更管理工作，流程可能需要加以改进，以确保 RBI 程序接收到这些信息。

超出关键操作参数之外的操作。企业可能需要执行一个程序或系统来报告可以加速设备损坏的不正常情况(如果这些类型的事件中在腐蚀研究得到确认)，以确保对这些事件的潜在影响进行评估。了解这些波动及其持续时间对检查计划的改进是必要的。

检查计划与检修计划的整合。检查计划和检修计划是相互依存的：检查的要求经常推动检修及其时间安排。一些外部的或在线的检查应在检修之前进行，使得检查结果可用于检修工作。

延检管理。“内部检查本月底到期，但我们刚刚收到的新产品订单。是不是能够将检查推迟几个月”？许多企业经常碰到这类问题。RBI 为企业提供一个评估这些情况新的工具。风险模型通常包括设备的退化速率，企业人员可以在较长的时间间隔条件下，进行“如果…那么…”形式的讨论，以便了解延检对风险的影响。

法律法规问题。一些政府的压力容器规定遵循 RBI 的要求。企业应该核实当地的法律法规是否遵循 RBI 的要求。监管机构和保险公司一般都遵循 RBI 的要求，但他们担忧一些设计不当的方案关注的重点是节约成本，而不是降低风险。对于一些设备，规定不允许减少检查力度。

可接受的风险。RBI 程序应有助于减少风险较高的设备发生故障的可能性，前提是它是“检查可降低风险”(即增加检查活动可以降低风险)。

11.6 保护层分析技术

根据美国国家标准学会(ANSI)/ ISA-84.00.01—2004 第 1 部分(IEC6 15 11-1 修改版)功能安全性中安全仪表系统流程工业第 0 节 - 第 1 部分：框架的定义、系统的硬件和软件要求的定义，安全仪表功能是“由传感器、逻辑运算器和最终控制元件组成的系统，目的是当预定条件被破坏时，将工艺过程控制在安全状态。”(用于 SIF 的术语包括 ESD 系统、安全停车系统、安全联锁系统。)(注：安全仪表系统[SIS]是一个集合了多种安全仪表功能的统一平台)。ISA S84.00.01 还定义了一个安全的生命周期，包括两种分析方法的应用：

(1) LOPA 或其替代工具，以确定达到可接受风险水平需要的额外独立保护层，包括安全仪表功能，如果没有达到可接受的风险，确定所需降低的风险程度。替代工具包括事件树分析。

(2) 可靠性/不可靠性分析(例如，组件的故障率、冗余)，以确定降低风险所需的保护层(包括安全仪表功能)的配置和所需的测试频率。这些工具包括故障树分析(FTA)、简化方程和马尔科夫分析。

这两项分析的结果将作为安全仪表功能的性能标准(要求的失效概率[PFD])，这就决定许多安全仪表功能的设计(例如，可接受的设备的故障率、冗余级别)，并且定义了安全仪表功能的维护要求，包括基本的 ITPM 任务和任务的频率。以下简单介绍这两种分析类型。

LOPA 是一个简化的风险分析方法，可用于：(1)识别需要的额外 IPLS，包括 SIF；(2)确定每个保护层所要求的性能，以达到一个可接受的风险水平。LOPA 分析工具的基础是危害性研究(例如，PHA)得出的信息。具体来说，危害性研究是用来识别：(1)待评估的事故类型；(2)用 LOPA 方法对非-SIF 防护(注：非-SIF 防护不包含在 SIS 定义的范围内，如救援设备、基本过程控制、需操作员响应的报警、机械安全装置、防护堤等)进行收集和分析具有挑战性，应该考虑使用集成套件式的方法，以简化系统管理，提高工作效率。此外，应确保该系统可以很容易地实现报表和查询功能。检索到的信息可能包括检查总结、即将到来和过期的检查的调度信息和其他异常报告。

该程序还可以提供事故频率、后果的严重程度及非安全仪表功能防护失效可能性的估计，以确定是否需要一个安全仪表功能使风险达到可接受水平。定性的规则(例如，风险矩阵)或各种方法的组合，都能用于LOPA。LOPA一般包括下面的步骤(参考文献11-8)：

- 第1步 - 确定事故类型(通常情况下，用PHA来识别事故类型)。
- 第2步 - 确定始发事件，并估计每个事故的始发事件的发生频率。
- 第3步 - 为每个事故识别后果，并估计其严重性。
- 第4步-确定每个事故的独立保护层，估计每个独立保护层的失效可能性(即PFD)。
- 第5步-综合始发事件频率、独立保护层的失效可能性和后果严重性，计算事故的风险。
- 第6步-评估风险，以确定是否需要一个安全仪表功能，或确定所需要的性能(例如，安全仪表功能的可靠性)，以使风险水平可接受。

图11-5提供了一个完成的LOPA工作表示例(参考文献11-9)。LOPA可以作为PHA的一部分来执行，然而，大多数企业都使用一个单独的团队来进行LOPA。LOPA的结果可以用在ITPM任务规划过程中：

- 需要通过MI方案确定需要维护的非安全仪表功能防护。
- 定义安全仪表功能的性能要求，包括测试所需要的类型和频率，以确保安全仪表功能 的性能达到要求。

关于LOPA的更多详细信息可参考CCPS出版的专著，《保护层分析》和《简明过程风险评估》。

具体而言，将LOPA的结果用于SIF设计(例如，确定所需要的冗余、控制系统的结构、元件故障率)。可以确定：(1)安全功能(SIF要干什么)；(2)所要求的风险降低量(例如，PFD)。风险等级通过SIL来确定。ISA S84.00.01定义了3种SIL类别，如表11-6(参考文献11-10)所示。

保护层分析工单：当前状态		
编辑：Joe Miner(UMR 1969)	时间：9/1/2004 反应器2700-AMD间歇式反应器	
场景名称：通过氮气系统向反应器2700加水	相关误差：水由隔离系统罐返流至氮气系统	
初始事件：水由工艺设备返流进入氮气系统	状态频率：1.0E+00 初始事件频率：1.0E+00	
最终后果：水与反应器中物料的反应导致失控反应的发生，同时导致气体溢出以及反应器2700的致灾性失效	后果等级：2	
严重风险：风险等级为2，即不可接受的风险	初始风险矩阵定位： 后果：2；可能性：1	风险：
安全防护： 针对返流，检查所有氮气隔离系统阀门； 泄压阀在反应失控时保护反应器2700	防护措施的置信度： 1.0E-01 1.0E-01	安全防护措施描述： 机械装置 机械装置，无堵塞历史
安全防护措施不可用：	1.0E-02	

续表

事故或后果频率：	1.0E-02	
缓和后果：对后果无改变	缓和后果等级：2	
缓和风险： 风险等级为3，为不可接受的风险，要求应对建议	风险矩阵： 后果：2；可能性：3	风险：
当前缓和措施不充分的原因：		
当前风险进入不可接受矩阵范围		
建议：	每条建议置信度：	描述：
在氮气系统中安装水检测及关闭连锁系统，在进入反应器2700的氮气流程上设置水的检测节点，并联所至停机系统。	1.0E-02	按照SIL等级2联锁安装
对反应2700安全阀维修检测，确保不堵塞	1.0E+00	过程安全防护
修订过得相关防护列表：	每项防护置信度：	描述：
在氮气系统中安装水检测及关闭连锁系统，在进入反应器2700的氮气流程上设置水的检测节点，并联所至停机系统。	1.0E-02	按照SIL等级2联锁安装
针对返流，检查所有氮气隔离系统阀门	1.0E-01	现有机械装置
泄压阀在反应失控时保护反应器2700	1.0E-01	现有机械装置
安全防护措施不可用(修正)：	1.0E-04	
事故或后果频率(修正)：	1.0E-04	
缓和后果： 对后果无改变，水进入反应器2700，可能引发爆炸	缓和后果等级： 2	
缓和风险：8 可接受风险	风险矩阵： 后果：2；可能性：5	风险：

图11-5 LOPA保护层分析工单示例

表11-6 ISA S84.01 SILs

SIL	平均需求时失效率(PDF)
1	$10^{-1}\sim10^{-2}$
2	$10^{-2}\sim10^{-3}$
3	$10^{-3}\sim10^{-4}$

SIL与平均PFD将用于SIF设计。SIL需指定测试程序和频率，以避免出现系统误差，并提供所需的容错能力。作为设计的一部分，设计师通常会通过一个不可靠性分析来评估提出的设计和测试频率是否能实现所需的平均PFD(例，SIL)。这种分析通常采用简化方程、故障树、马尔可夫模型。此外，ISA已编译可用于进行分析的简化可靠性方程。ISA技术的报告，TR84.00.02-2002，第1至5部分，安全仪表功能(SIF)－安全完整性等级(SIL)评估

技术，提供了使用这些分析技术的详细信息，用于计算 SIF 设计的平均 PFD。

不可靠性分析用于确定 SIF 测试所需的测试频率及测试类型(例如，校准、功能测试)。此外，安全仪表系统设计者应确保 SIF 设计，包括设计特征(例如，旁路阀)，满足 SIF 的测试要求。ISA S84.01，安全仪表系统在过程工业中的应用，还包括安装、调试、启动前验收测试，操作、变更管理、报废的要求(参考文献 11-11)。这些要求基本上勾勒出了一个 SIS 系统的质量保证体系。

参考文献

11-1 American Petroleum Institute, *Pressure Vessel Inspection Code: Maintenance Inspection, Rating, Repair and Alteration*, API 510, Washington, DC, 2003.

11-2 American Petroleum Institute, *Piping Inspection Code: Inspection, Repair, Alteration, and Re-rating of In-service Piping*, API 570, Washington, DC, 2003.

11-3 Montgomery, R. and W. Satterfield, *Applications of Risk-based Decision-making Tools for Process Equipment Maintenance*, presented at ASME Pressure Vessel and Piping Conference, Cleveland, OH, 2002.

11-4 Trinker, D., *A Survey of Risk Tolerance Criteria for Acute Process Related Industrial Hazards*, ABSG Consulting Inc., Knoxville, TN, 2000.

11-5 ABSG Consulting Inc., *Advanced Process Hazard Analysis Leader Techniques, Course 104*, Process Safety Institute, Houston, TX, 2004.

11-6 American Institute of Chemical Engineers, *Guidelines for Hazard Evaluation Procedures, Second Edition with Worked Examples*, Center for Chemical Process Safety, New York, NY, 1992.

11-7 SAE International, *Evaluation Criteria for Reliability-Centered Maintenance Processes*, SAE Standard JA1011, Washington, DC, 1999.

11-8 Folk, T., *Risk Based Approach to Mechanical Integrity Success in Implementation*, American Institute of Chemical Engineers, Spring National Meeting Process Plant Safety Symposium, New Orleans, LA, 2003.

11-9 American Institute of Chemical Engineers, *Layer of Protection Analysis, Simplified Process Risk Assessment*, Center for Chemical Process Safety, New York, NY, 2001.

11-10 ABSG Consulting Inc., *Layer of Protection Analysis, Course 209*, Process Safety Institute, Houston, TX, 2004.

11-11 The International Society for Measurement and Control, *Functional Safety: Safety Instrumented Systems for the Process Industry Secto — Part 1: Framework, Definitions, System, Hardware and Software Requirements*, ANSI/ISA-84.00.01-2004 Part 1 (IEC 61511-1 Mod), Research Triangle Park, NC, 2004.

其他资源

American Petroleum Institute, *Risk-Based Inspection*, API RP 580, Washington, DC, 2002.

American Petroleum Institute, *Base Resource Document – Risk-based Inspection*, API Publ 581, Washington, DC, 2000.

Moubray, J., *Reliability Centered Maintenance: RCMII*, Industrial Press Inc., New York, NY, 1997.

Smith, A., *Reliability Centered Maintenance*, McGraw-Hill Inc., New York, NY, 1993.

International Maritime Organization, *Guidelines for Formal Safety Assessment (FSA) for Use in the IMO Rule Making Process*, MSC/Circ. 1023–MEPC/Circ. 392, London, England, 2002.

The International Society for Measurement and Control, *Safety Instrumented Functions (SIF) — Safety Integrity Level (SIL) Evaluation Techniques, Part 1: Introduction*, ISA-TR84.00.02-2002, Research Triangle Park, NC, 2002.

The International Society for Measurement and Control, *Safety Instrumented Functions (SIF) — Safety Integrity Level (SIL) Evaluation Techniques, Part 2: Determining the SIL of a SIF via Simplified Equations*, ISA-TR84.00.02-2002, Research Triangle Park, NC, 2002.

The International Society for Measurement and Control, *Safety Instrumented Functions (SIF) — Safety Integrity Level (SIL) Evaluation Techniques, Part 3: Determining the SIL of a SIF via Fault Tree Analysis*, ISA-TR84.00.02-2002, Research Triangle Park, NC, 2002.

The International Society for Measurement and Control, *Safety Instrumented Functions (SIF) — Safety Integrity Level (SIL) Evaluation Techniques, Part 4: Determining the SIL of a SIF via Markov Analysis*, ISA-TR84.00.02-2002, Research Triangle Park, NC, 2002.

The International Society for Measurement and Control, *Safety Instrumented Functions (SIF) — Safety Integrity Level (SIL) Evaluation Techniques, Part 5: Determining the PFD of Logic Solvers via Markov Analysis*, ISA-TR84.00.02-2002, Research Triangle Park, NC, 2002.

12 机械完整性项目的持续改进

虽然一个企业的机械完整性(MI)工作的大部分内容是开发和实施一个 MI 项目，但是获得成功的企业同样也有持续改进该项目的目标和愿望。持续改进工作常采取以下的措施：

(1) **定期审核该项目活动。**审核通常用于评估 MI 项目管理体系(例如质量保证[QA]和检查、测试以及定期检修[ITPM]程序)如何运行以及它们如何满足相关要求(例如工艺安全法规)。事实上，工艺安全法规要求对 MI 项目(还有其他工艺安全管理[PSM]体系，见参考文献 12-1)进行定期的审核。

(2) **建立绩效测量体系。**有效的绩效测量可以帮助组织评估正在进行的整个 MI 项目和关键 MI 项目活动的绩效(例如遵守 ITPM 任务进度)。测量应该包括 MI 项目绩效的直接测量和 MI 项目的绩效的领先指标。(即项目绩效的预测因素)。

(3) **从设备故障中学习经验。**另一个改进措施是系统地评估设备故障，包括使用系统化的设备故障和根本原因分析(RCA)的程序评估近似差错。使用系统分析法会提供一种有效的手段来确定故障的起因和根本原因。有关人员可以参考这些程序的结果，提出消除这些病因的建议，及管理人员可以制定和实施适当的措施来消除或减少故障的可能性。此外，可以把好的经验分享给那些企业内部或者企业外部的人，使其受益。

在图12-1(参考文献12-2)提到的活动中展示了一个说明持续改进工作是如何促进MI

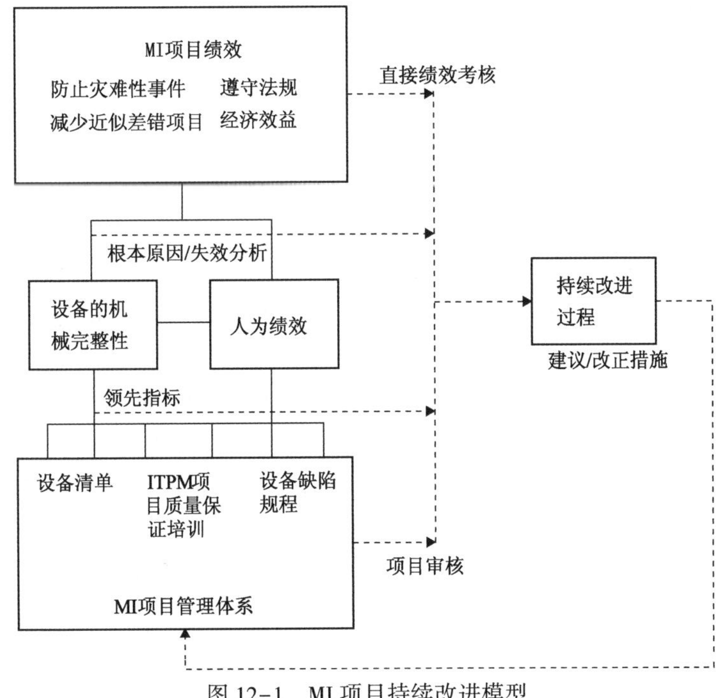

图 12-1　MI 项目持续改进模型

项目的整体绩效的简单模型。企业应该规定一个程序来确保这些持续改进活动得到有效实施并经得起评估。持续改进活动可能是最有效的，如果(1)提出的纠正措施是切实可行(如，技术上是可行的，有科学依据的)并符合成本效益的；以及(2)正确地实施这些措施。因此，每个持续改进措施都应该包括如下步骤：

- 组织管理层对建议进行评审，以确保哪些建议是有效和符合实际的；
- 与相应的团队交流那些被否定的建议(以被否定的建议为基础)；
- 对这些建议和源于管理评审的其他建议进行评审而生成的适当的纠正措施；
- 由管理人员评审和批准的纠正措施；
- 优先考虑纠正措施的实施，包括确定哪些纠正措施必须在关键流程(诸如在有缺陷的在役设备或者重启一个流程)运行之前到位。由指定人员和管理人员定期跟踪(例如每月，每季)纠正措施的实施情况；
- 跟踪进度以确保指定人员和管理人员已经适当地实施纠正措施。

本章将进一步介绍如下内容：

- 项目审核；
- 绩效测量与监督；
- 设备失效分析和 RCAs；

关于这些主题的更多信息，请参阅以下美国化工过程安全中心(CCPS)的出版物：

- 工艺安全管理体系审核指南；
- 如果你不能考核它，你就不能控制它：ProSmart®工艺安全管理；
- 化学工艺事件调查指南(第二版)。

12.1 项目审核

项目审核是实现 MI 项目持续改进的基础工具之一。良好的审核是一种积极主动的手段，在事故发生之前能发现项目的缺陷并且纠正缺陷。

MI 项目的各方面均可以随时审核。一些审核目标选择疑似弱点区域，其他则检查整个项目。一些比较常见的项目检查方法是：

- MI 项目设备。MI 项目里是否包括了所有一旦发生故障就会导致重大后果的设备？MI 项目里是否包括了所有用于预防危险/有害状况或者用于检测和减轻事件损失的设备？
- ITPM 任务和时间表。是否已经适当地确定 ITPM 和预期维修/重建活动以及它们的频率？ITPM 的任务和计划是否符合适用认可和普遍接受的良好工程实践(RAGAGEPs)？ITPM 任务是否彻底并且按照计划执行？ITPM 任务是否正确的记录？
- MI 项目任务的书面程序。所有 MI 项目任务的书面程序是否存在？程序是否包含了充足的信息，这些信息是否是最新的？工作是否按照程序来执行？企业是否已经实施一种手段或程序(例如由监管部门定期审核)来确保程序是精确的，并且人员都在按程序执行任务？

- MI 培训。为了确保任务能正确地、安全地、持续地执行，是否对员工在工艺概述及其相关危害、以及程序中适用于他们的作业任务进行了充分地培训？操作员与检查员是否需要资格证书/资质证书？
- 纠正设备缺陷。为了确保设备缺陷可被识别和传达，项目/程序是否已经就位？ITPM 的结果是否对潜在的缺陷进行了评审？是否由适当的人员对持续运行的和相关的临时改正措施(例如临时性维修)进行了评审和核准？临时改正措施是否已经传达过？是否对临时措施进行跟踪以确保它们能及时被纠正？
- 设备制造、安装和备用配件/设备的质量保证。为了确保设备按照要求进行制造和安装，项目/程序是否已经就位？施工材料是否验证为设备/备用配件和维修材料？是否已经建立了承包商选择和审核程序？常备的备用配件、设备的配件和其他材料/物资(例如螺栓、管件、垫片、O 形环、焊条等)在使用或者安装前是否正确地整理、接收、入库和出库？

将书面记录与现场观察到的情况及人员咨询的结果进行比较，为审核员提供了一个对整个 MI 项目更准确的描述。关于常规审核技术的更多信息请参阅 COPS 的专著《工艺安全管理体系审核指南》(参考文献 12-3)以及 CCPS 的专著《工艺安全管理体系实施指南》(参考文献 12-4)的第 13 章。

通常，MI 项目审核以评审书面程序/规程和咨询相关的员工开始，以增加对与所有审核主题均有关的管理体系的预期功能的了解。然后，由审核人员确定管理体系的实际功能是否如预期一样以及其他要求(例如司法要求)是否已经满足。表 12-1 简述了一个评估 MI 管理体系功能的方法。

当实施 MI 项目的审核工作时，应该注意以下几个问题。

细节层次。公司健康与安全审核通常包括 MI 项目；然而，一般的健康与安全审核组也许没有可用的资源或专门的技术来彻底地评审 MI。为了更好地聚焦 MI 项目的改进，一些公司的时间表规定 MI 项目的审核。

客观性。一些审核可以并且应该在一个部门内完成，以便定期核实项目的持续性(例如 ITPM 计划的持续性)。当然，由外部门人员、兄弟单位、总公司和外部人员对公司进行的定期评审客观地为项目改进提出有益的建议。

文件材料。虽然不是所有的项目审核都要求文件材料(除非是为了符合法律规定的审核)，但是大部分审核还是会记录生成一个报告。正式报告有助于确保所有必要的后续措施均是已完成的，并为绘制 MI 项目的成功/进展提供一个审核历史。同时记录实践过程及项目存在的缺陷。

后续的审核。当审核完成时，企业管理层应该立刻响应审核结果并实施更新。管理层的职责包括：(1)针对每个审核结果明确后续的跟踪职责任；(2)确保一直追踪每个审核结果并且追踪直到结束的系统已就位；(3)记录每个审核结果的结束。管理措施(或无作为)在确保实施更新方面是很关键的。管理层应该确保指定的人员：(1) 提供实施更新时所需的资源和支持；(2)负责实施所分配给职责范围内的更新。懈怠的管理会导致失去改进 MI 项目的机会。

表 12-1 MI 审核方法

审核主题	审核方法概述
MI 项目设备	• 用巡检设备和检查管道仪表流程图(P&IDs)的方法来选择不同类型的已经准备/需要进入 MI 项目的单项设备(例如压力容器、储罐、管路、泵、PSV、防爆膜、报警联锁装置、泄漏探测器、紧急停车[ESD]系统以及密集洒水系统等)的代表性样本，并且确认每个样本都存在 MI 项目中(即 MI 项目任务被列入计划并且有记录显示任务正在被执行) • 最低限度，MI 项目应该包括如下设备/系统：(1)常规运行状态中含有危险化学品的设备；(2)用来释放压力或排放危险化学品的设备；(3) ESD 系统；(4)诸如探测系统、灭火系统、警报器和联动装置的安全装置/系统；(5)关键的公用系统
ITPM 任务和计划	• 为已选择的设备进行 ITPM 任务和时间表的评审以确定：(1) MI 项目任务是否已被识别，同时时间表中是否存在这些任务；(2)任务和时间表是否恰当 • ITPM 任务和时间表应该是：(1)基于 RAGAGEPs 或制造商的推荐做法；(2)按照设备以往的经验更严格和更频繁地执行(例如如果在之前的测试/检查中 PSVs 有缺陷则就应进行更频繁的 ITPM 任务) • 为已选择的设备进行完整的 MI 项目任务记录的评审，评审/生成报告列出积压或者过期的 MI 项目任务，然后咨询维修人员以确定是否：(1) MI 项目任务正在按计划(如同确定或了解内的设备那样)执行；(2)任务正彻底地(例如所有的厚度测量位置[TMLs]在每次超声波测中都处理一次)执行；(3) MI 项目任务的结果都已经记录并且记录包含所有的准备/需要信息；(4) 由有资格的人员对 MI 项目任务的结果进行评审以确定是否存在设备缺陷，之后给出建议措施以开始改正问题
MI 项目任务的书面程序	• 为已选择的设备评审书面 MI 项目任务程序并在必要时咨询维修人员以确定：(1)影响设备完整性的所有任务是否都在书面程序中；(2)基于任务的复杂性和关键性以及技术水平最差的维修人员而言，程序中细节的内容和层次是否足够；(3)程序是否保持最新状态；(4)对执行任务的人员而言，程序是否易懂的 • 某种意义上来说，任何制造商/供应商手册上所提供的书面程序都不符合内部指南(例如解决一些特殊设备的问题，诸如个人防护设备[PPE]和特殊工具的要求)和外部要求(例如管理机构要求)，必须增补此类程序以满足书面程序的要求。需要注意的还有，MI 项目程序需要维修人员定期进行评审以确保其保持最新状态。必要时可以修订，也可以通过过程变更管理程序对其进行更新
MI 培训	• 评审一个 MI 培训记录的代表性样本，咨询一个有代表性的维修人员以确定：(1)哪些规程和附加的培训主题特别地适合哪些人(例如工艺和危害性的综述)；(2)在被要求/允许执行任务前，是否所有的员工已经按照准备/需要对他们即将开展工作的规程和主题进行了培训；(3)培训是否搭建了引进新工具、设备、技术和其他更新的持续的平台；(4)人员是否已经被授权，并且根据要求由适用的 RAGAGEP 进行了认证；(5)培训是否进行了记录。注意，必须为由 RAGAGEPs 要求的特殊认证规定的 MI 措施的培训进行记录，例如美国石油协会(API)检验标准(例如 API 510、API 653)和焊接标准(例如 ANSI/ASME B31.3) • MI 项目可能不要求培训的文件材料，然而，如果培训没有被记录，就要确定该企业如何：(1)内部跟踪培训以确保人员接受了必要的培训；(2)向监察主任或审核人员说明已经提供了培训；(3)提供人员已参加培训的证据

续表

审核主题	审核方法概述
纠正设备缺陷	• 评审所有纠正措施的记录(例如完整的工作指令)，并且咨询维修人员和操作人员以确定改正措施是否已经按照规定进行处理了。确定是否：(1)当再一次使用同样的设备之前，纠正措施是否始终实施；(2) 当没有采取改正措施并且再次使用设备前，有无实施充足的临时措施以确保安全运行；(3)如何以及何时识别出缺陷已经被改正的设备记录(最好采取任何临时措施，以保证安全运行)并且在彻底检修时追踪所有临时措施
备用配件/设备的 QA	• 文件材料的评审(例如原始设备制造商(OEM)的设备清单、采购订单、货运票据、金相分析记录)，并且咨询整理、接收、入库、出库以及分配备用的配件/设备或材料/物资(例如螺栓、管件、垫片、O 型环、泵轴、密封圈、焊条等)的人员以确定：(1)正确的物品是否始终被整理好；(2)所有未经整理的接收物品在接收过程中和退回供应商期间(或者在接受前就进行适当的评审)是否始终被识别；(3)接收的物品是否始终按照正确的要求入库；(4)需要安装时，正确的物品是否随时为安装而出库 • 很多企业：(1)每当可供使用时整理 OEM 的备品配件/设备/物资；(2) 当整理非 OEM 的零件时(即使规格好像是一样的)使用 MOC 工艺；(3)要求当接收时，整理物品的人员亲自检查它们以更好地确认正确的物品被接收；(4)只允许特定的人员将物品入库和出库。当金相成分很重要时，一些设备也要求物资以提供金相分析或测试它们本身的金相成分
设备制造/安装的 QA	• 咨询整理和监督特殊设备制造和安装的人员，检查可用(例如书面的 QA 计划、安装清单)的文件材料以确定设备是否采取了适当的措施，确保设备是以适合工艺应用的方式进行制造和安装的 • 设备制造和安装的 QA 常常包含：(1)开发中的设备的制造规格；(2)在制造期间需要执行各种检查和测试以确保满足规格；(3)明晰的安装图纸、计划和清单，以确保能彻底和正确地处理(例如螺栓扭转、焊条选择、垫片和填充物材料、润滑剂等)现场的安装问题
MI 文件材料	• 确定是否所有内部和外部要求的 MI 措施的材料文件都建立和保存了 • 一些 MI 项目只需要下列材料文件： (1) 书面 ITPM 任务程序； (2) 必需的 ITPM 任务清单和它们的计划； (3) 显示的任务执行结果 ITPM 任务记录 • 在大多数实际的 MI 项目中，还需提供下面的附加资料： (1) MI 项目措施的任务和职责分配； (2) MI 项目设备清单； (3) MI 培训记录； (4) 显示缺陷已经被改正的记录； (5) 设备制造和安装的 QA 措施的记录(通常在项目文件中) • 很多设备也在书面 MI 项目文件中描述了全面规划

12.2 绩效测量与监督

企业积极地实施设备绩效测量体系有几个原因。绩效测量能够实现如下目标：

- 监督更新/改进。随着 MI 项目改进或更新的进行，由更新/改进带来的影响通常可以使用绩效测量来评估。
- 做出适当的决策以支持 MI 项目。在 MI 项目实施和运行期间，数据可用于做出关键的决策。例如，培训和规程中关于安置员工和预算问题的决策可参考培训和规程措施。

- 追踪 MI 项目是如何影响安全和设备可靠性的。一个有效的 MI 项目的关键收益在于改进安全绩效和提高设备可靠性。安全和设备可靠性绩效测量(例如近似差错、平均故障间隔时间统计)常用来监督 MI 项目。事实上，一些组织机构把这些测量列入了每日和每周的关键绩效指标中。
- 确定和公布业绩。测量有助于显示分配的资源和付出的努力是否真的有助于 MI 项目，有助于个人和小组了解他们对项目的贡献及责任。
- 确保项目的维持。测量绩效往往能获得人员和组织的关注。

实施绩效测量体系的方法使用以下步骤：

确定适当的测量。选择的测量应该结合整体目标、具体目标以及 MI 项目措施的结果。一个综合的系统应该包括滞后指标和领先指标考核两方面。滞后指标直接测量整个 MI 项目的结果，通常指的是项目的目标和指标(例如发生风险事件的数量、项目费用)。领先指标通过衡量项目措施(例如 ITPM 任务按时执行的百分比、设备在有缺陷的状态下运行的平均时间)来直接衡量整个 MI 项目。领先指标绩效考核有助于组织机构对 MI 项目的绩效做出预测。由于一些 MI 项目绩效直接测量的频率很低(例如损失事件的数量)，因此领先指标对决策过程来说是有价值的。除了确定指标，还需要确定适当的频率来收集和监督绩效测量的数据，每天或者每周进行一次 MI 项目测量的收集和监督。有时，这些频繁的测量指标包含在企业衡量的“仪表板”(即关于企业关键绩效指标的每日/每周的报告)中。

收集和分析绩效数据。为了收集和分析与绩效衡量有关的数据，很多高效实用的 MI 项目设备制定和实施了相应的系统。数据收集系统可能是纸介质或计算机化的。一些计算机介质的 MI 项目数据可能是由计算机维护管理系统(CMMS)(例如 ITPM 任务工作指令的过期报告)或其他与 CMMS 有关的数据库生成的。数据分析包括了所有必需的运算或数据处理(例如过滤异常的数据)并追踪结果以寻找趋势，特别是负面趋势(例如过期的 ITPM 任务工作指令的增长)。企业经常使用规程或指南来确保数据收集和分析报告的稳定性和高质量。

监督绩效测量。建立绩效测量体系，与负责纠正负面趋势的人员交换信息，不断改进 MI 项目。此外，对整个组织机构来说，绩效测量可用于交流 MI 项目的状态，以及由项目引起的改进/影响。应当定期总结绩效测量与结果评价并提交给相关管理者和决策者。这些报告和交流措施有助于 MI 项目接受到必要的持续的关注。

在 Richard Jones 的《基于风险的管理：一种以可靠性为中心的方法》一书中介绍了六种考核(参考文献 12-5)的法则：

(1) 任何事均可被测量。计算机电气化时代几乎可以测量一切。

(2) 某些事可以被测量但是不意味着它应该被测量。作为法则(1)的结果，决定什么应该被测量，同时，清晰地定义将如何使用(即受结果影响的各类决策)测量的结果，变的越来越重要。

(3) 每个测量过程都包含误差。即使是最精确的测量也包含某些误差，这些误差会对结果以及决策产生不利影响。管理人员需要深入理解误差的数量级以及误差可能会对结果造成的影响。

(4) 每个测量都具有更新体系的可能性。测量过程，特别是那些涉及人为因素的过程，能使测量的数据和结果偏移。例如，简单的测量轮胎的空气压力会导致压力的降低。

(5) 人员是测量过程的一个主要部分，人员因素会影响测量过程及测量结果。

(6) (Jones 的法则)每个测量都应该是整个 MI 项目管理战略的一部分，每个测量都必须直接关联于实现组织机构(例如 MI 项目任务)的任务。

制定 MI 项目的流程图可以帮助确保用来评估项目规程(参考文献 12-6)的测量是正确的。流程图开始于项目顶层的某个具体目标(例如防止灾难性事件)，之后反向穿过配套的项目总目标(例如防止危险物质的泄漏)到达 MI 项目措施。一旦确定了具体目标、总目标和措施，就可以为其中的每一项制定合理和实际的测量。虽然流程图的每一项都可以确定一个或几个测量量，但组织机构能够实际管理的也仅有有限数量的测量。图 12-2 阐明了流程图的概念并提供了推荐的测量。

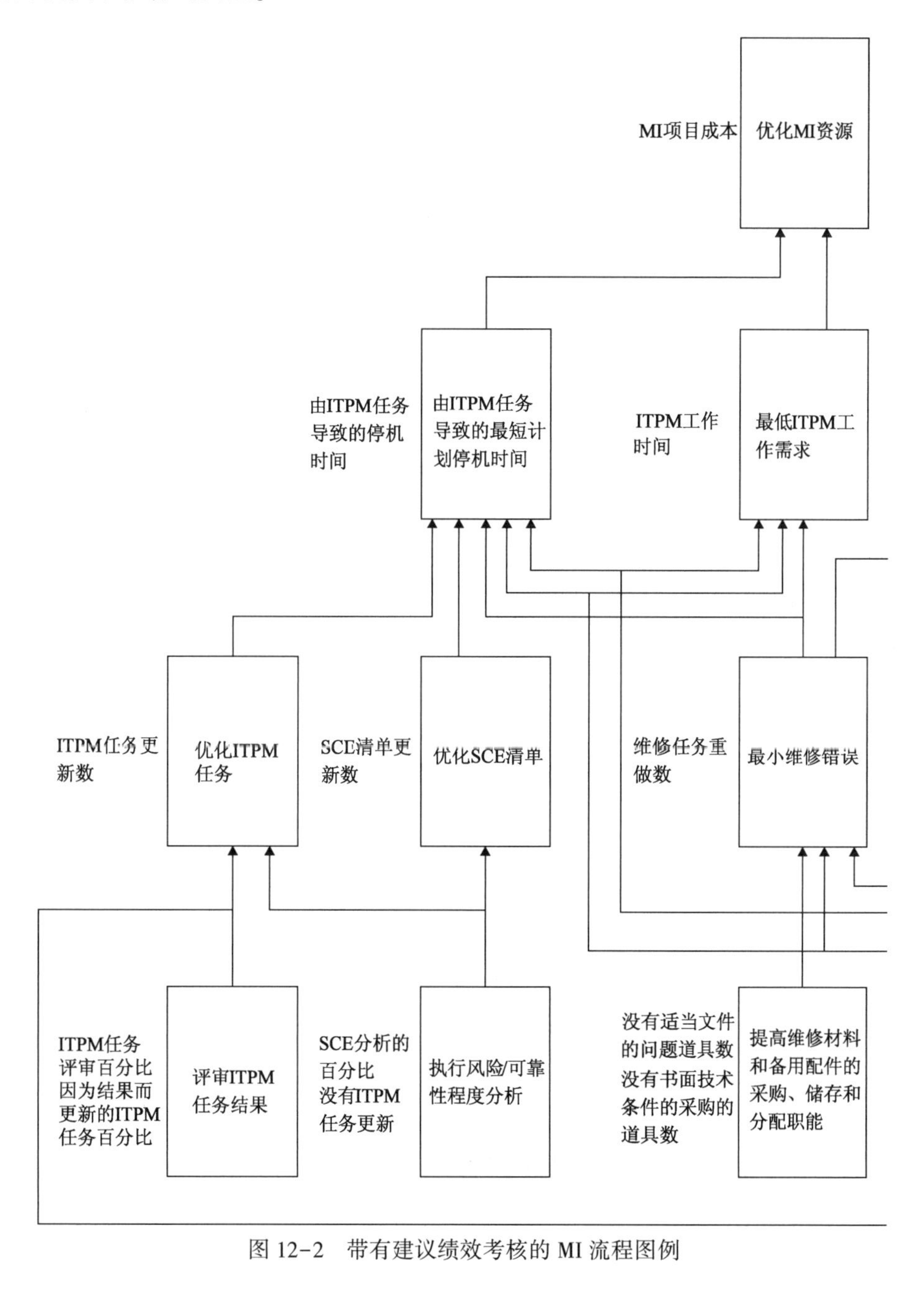

图 12-2　带有建议绩效考核的 MI 流程图例

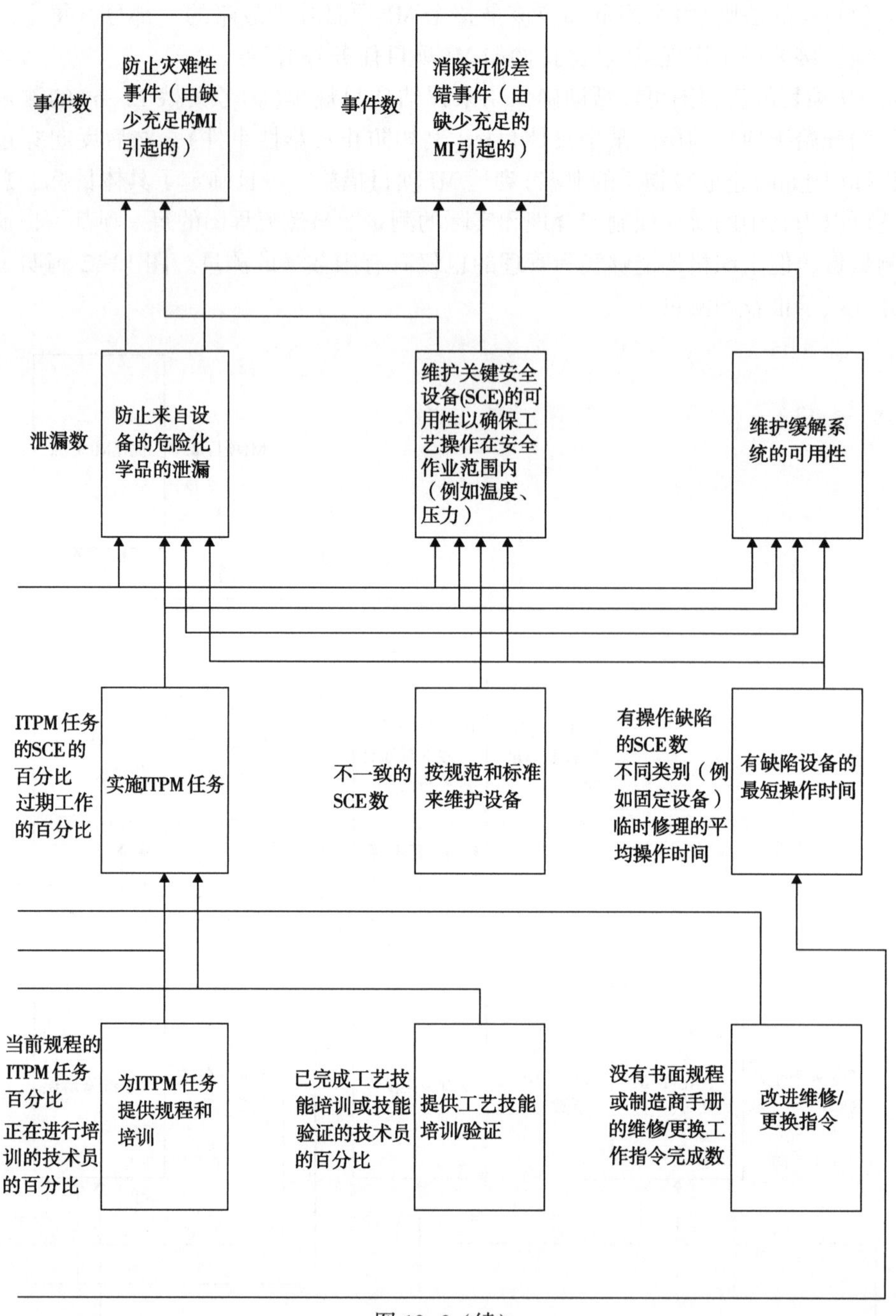

图 12-2（续）

一旦开始收集测量数据，数据就应该变为用于持续评价和改进 MI 项目的信息。因此，应该定义和实施分析与使用信息的过程。管理人员应该把信息投入使用以做出决策支持 MI 项目。

12.3 设备故障和根本原因分析

通过使用系统化的过程来分析设备故障和相关联的管理系统故障，企业可以把分析过程中的经验编入 MI 项目。该过程可以包含两种不同的分析应用技术：失效分析和 RCA。虽然这两种分析技术有许多相同之处(比如它们的目的)，但是它们的结果是不同的。

失效分析的目的是用来帮助人员了解故障是如何出现的，以及为设备确定和实施必要的纠正和改进措施。这些纠正措施通常侧重于重新设计单个设备、变更其 ITPM 计划和更新工艺条件。该分析可能导致：(1)更新仅影响到失效的单个设备；(2)更新不但影响到失效的单个设备，还波及到类似的设备。通常，此类分析是基于法定工程原则。

RCA 的目的是发现出现故障的原因，以便进行的改正和改进能够提升管理体系的设备完整性(例如 MI 项目、操作规程、工程设计原则、人员培训等)。RCA 侧重于更新管理体系，故结果倾向于影响失效的单项设备、相似的单项设备以及同一管理体系下的看似无关的单项设备。例如，如果一个压力容器由于腐蚀泄漏了，RCA 发现无损检测(NDT)措施没有按照计划执行，那么 RCA 就可能会引起 ITPM 项目的改进，改进不仅仅影响压力容器检验，还包括仪器校准、转动设备润滑等等。

虽然失效分析与 RCA 的过程和结果截然不同，但仍经常一起联合使用，来分析设备故障。失效分析可以为 RCA 提供非常重要的技术信息，RCA 工艺和与之关联的工具能够为失效分析提供有用的信息(例如单项设备的潜在损伤机理、事件的时间轴)。

12.3.1 失效分析

失效分析过程侧重于保存、收集和分析与故障有关的痕迹。痕迹的分析开始于宏观(即宽泛的)检查进而发展为更微观(即详细的)的检查。应随时使用无损检测和破坏性测试方法确定引起故障的失效机理，(详见第 4 章的附录 4A 以获得损伤机理的其他信息。)一旦确定了失效机理，分析团队就可以为减少或消除特殊故障再发生的可能性提出建议和纠正措施。图 12-3 展示了一个八步的分析过程(参考文献 12-7)。每一步简略描述如下：

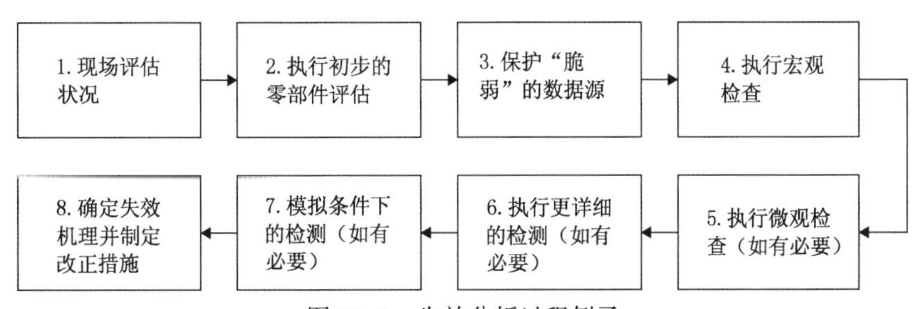

图 12-3 失效分析过程例子

步骤 1—现场评估状况。收集设备和工艺的背景资料，以及当故障出现时与设备状态有关的信息(例如温度、压力、流量、操作模式等)。

步骤 2—执行初步的零部件评估。通常为外观检查，外观检查能够发现已出现的故障类型的痕迹。

步骤 3—保护“脆弱”的数据源。保护收集到的证据和数据，确保它们不会丢失和降低。

步骤 4—执行宏观检查。(1) 通过使用适当的外观检查工具(例如低倍放大镜、低倍显微镜)进行部件表面、尺寸等等的外观检查；(2) NDT(例如射线探伤、涡流探伤)；(3)标称化学检测(例如变速箱油中的水分含量)；(4)基础机械性能检测(例如硬度测量)。

步骤 5—执行微观检查(如有必要)。对有些故障而言，初步的外观检查和宏观检查也不能提供准确的信息以确定失效机理。在这种情况下，就需要使用诸如光学显微镜、透射电镜、扫描电镜以及能量发散 X 射线光谱仪等工具的微观检查来收集必要的信息。

步骤 6—执行更详细的检测(如有必要)。与步骤 5 相似，有时需要更详细的机械性能检测和化学分析以确定失效机理。这类检测通常侧重于确定物理性能(例如金属硬度)、组分(例如润滑油的化学成分)，或来自故障设备的材料样品的其他特性。这类检测很多时候会导致样品被破坏或者发生改变，因此，需要核实在开始此类检测前所有的外观检查都已经完成。

步骤 7—模拟条件下的检测(如有必要)。在受控环境(基于现有数据的理性假设)下复制特殊故障的实验可以提供假设的验证和观察的方式来预防随后的故障。

步骤 8—确定失效机理并制定改正措施。基于数据分析得到的事实，推断哪种失效机理是重要的影响因素。然后确定引起失效机理发生的特殊事件/特征，并为消除该原因或降低引发故障的原因的可能性制定纠正措施。

12.3.2 根本原因分析

RCA 是一个旨在研究带有负面影响(如会对安全、健康、环保、质量、可靠性、和生产造成不利影响的)的事件的根本原因(设备故障或人为失误)并将其分类的过程。一般地，“事件”是用于确定发生或者可能发生后果的事例。RCA 是一个简单工具，不仅能确定发生了什么以及如何发生的，而且还能确定为什么会发生。只有当研究者能确定事件或故障为什么会发生时，才能够明确提出可行的纠正措施来预防类似事件的发生。

为了有效地执行 RCA，系统化的分析过程是十分必要的。RCA 有很多不同的可供使用的过程和工具。下面讨论一个方法，该方法包含以下四步(参考文献 12-8)：(1)数据收集；(2)数据分析；(3)根本原因鉴定；(4)建议的生成和纠正措施的实施。每一步简略描述如下：

步骤 1—数据收集。分析的第一步是采集四类数据：(1)人(例如目击者、参与者)；(2)物品(例如零件、化学样品)；(3)位置(例如人员和物证位置)；(4)文件(例如规程、计算机数据)。没有事件的完整信息和对事件的充分了解，就不能鉴定事件的起因(CFs)和根本原因。分析事件所花费的时间大部分消耗在采集数据上。此外，分析人员可以获取其他相似故障的信息，也需联系其他有相似故障经验的设备人员，和对该故障有深入了解的设备销售(或其他外部)人员。

步骤 2—数据分析。搜集数据并建立一个模型模拟事件是如何发生的。两种常用的开发模型的方法是 CF 图和故障树分析法(FTA)。CF 图/FTA 提供了一个框架，供研究者在组织和分析调研过程中收集到的信息，以确定收集的信息是否存在差距和不足。CF 图仅仅是一种描绘事件发生前以及围绕这些事件状态的顺序图。FTA 是一种布尔逻辑工具，用来帮助模拟人为失误、设备故障以及能够产生在分析事件的外部事件的组合。图 12-4 和图 12-5(参考文献 12-9)分别提供了故障树例子和 CF 图的例子。

步骤 3—根本原因鉴定。分析完所有的 CF 之后，研究者采用一些工具或方法开始进行根本原因鉴定。这些工具或方法用图解、图表、或者列表的方式来帮助研究者鉴定每个 CF 的潜在原因。研究者使用这些工具来构建推理过程，旨在论证特殊 CFs 为什么存在或发生的根本原因，进而为处理相关事件产生的问题奠定基础。一段时间内的事件根本原因的鉴定，可以为特殊领域的有关改进提供有价值的意见。作为这个工艺的额外收益，RCA 可以用于：

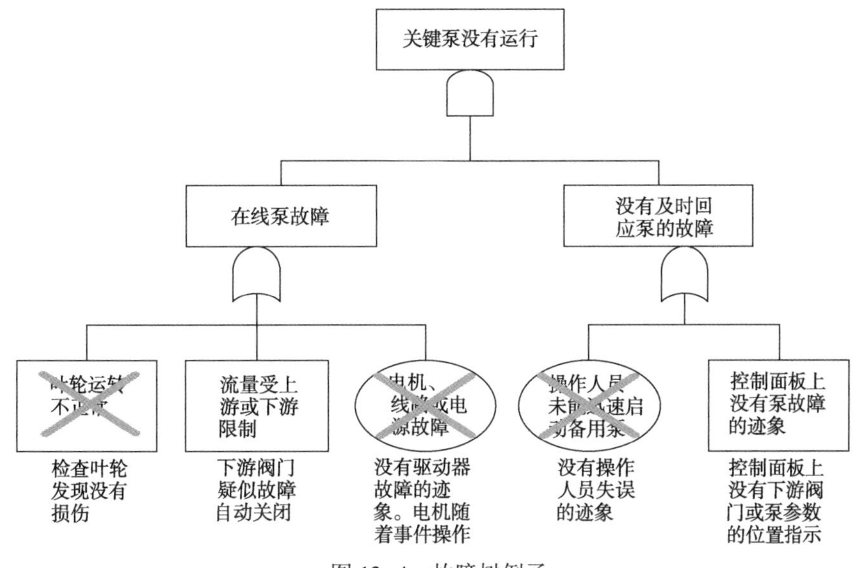

图 12-4 故障树例子

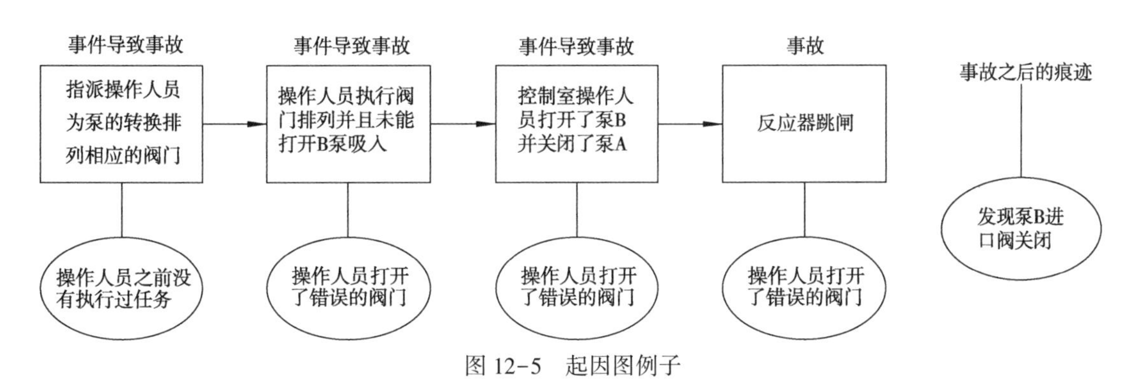

图 12-5 起因图例子

(1)帮助预防特定事件的复发；(2)结合在个别事件中得到的经验来鉴定主要薄弱领域。这可以让管理人员在看似不相关的事故或故障发生之前采取必要的措施。

步骤 4—建议的生成和实施。本步骤为特殊 CF 进行根本原因的鉴定，分析师可以生成切实可行的推荐做法以防止事件复发。根本原因分析人员通常不负责开发基于 RCA 推荐做法的适当的改正措施。因此，分析报告应该为那些实施推荐做法的人提供足够的信息(或开发合理的备选方案)。一旦 RCA 团队有了推荐做法之后，设备管理人员就应该评估这个推荐做法以确定纠正措施将被实施。在制定纠正措施时，管理人员必须确保纠正措施是实用并且有效的。此外，管理人员应该与 RCA 团队交流那些被否定的推荐做法，以及否定的基础。企业也应该确保系统已就位以便追踪纠正措施直到结束。当整个事件完毕后，研究者就可以更好地鉴定事件的主要影响因素。CFs 就是那些影响因素(人为失误和/或设备效)，如果将其消除，就会防止事件的发生或者降低它的严重程度。(注意：CFs 不是事件的根本原因，当然，它们是事件的影响原因。为了消除或降低事件复发的可能性，鉴定和改正 CFs 的根本原因是很重要的。)

在很多传统的分析中，CF 方法受到了所有的关注。然而，事件很少是只由一个 CF 引起的，它们通常是影响的因素综合的结果。只有鉴定出所有的 CFs，则建议的清单才是完整的。从原始事件中学到所有应学的东西，触类旁通就可避免事件(和相似事件)的重复发生。

这部分介绍的内容概述了可用于分析设备故障的许多 RCA 工艺中的一个。要想了解更多 RCA 的信息，可以参看 CCPS 的专著《化学工艺事件调查指南(第二版)》。

参考文献

12-1 Occupational Safety and Health Administration, *Process Safety Management of Highly Hazardous Chemicals*, 29 CFR Part 1910, Section 119, Washington, DC, 1992.

12-2 ABSG Consulting Inc., *Reliability Management, Course 119*, Process Safety Institute, Houston, TX, 2004.

12-3 American Institute of Chemical Engineers, *Guidelines for Auditing Process Safety Management Systems*, Center for Chemical Process Safety, New York, NY, 1993.

12-4 American Institute of Chemical Engineers, *Guidelines for Implementing Process Safety Management Systems*, Center for Chemical Process Safety, New York, NY, 1994.

12-5 Jones, R., *Risk-based Management, A Reliability-centered Approach*, Gulf Coast Publishing, Houston, TX, 1995.

12-6 ABSG Consulting Inc., *Enhancing Process Safety Performance, Course 134*, Process Safety Institute, Houston, TX, 2004.

12-7 Wulpi, D., *Understanding How Components Fail*, 2nd Edition, ASM International, Materials Park, OH, 1999.

12-8 ABS Group, Inc., *Root Cause Analysis Handbook, A Guide to Effective Incident Investigation*, Risk & Reliability Division, 1999.

12-9 American Institute of Chemical Engineers, *Guidelines for Investigating Chemical Process Incidents*, 2nd Edition, Center for Chemical Process Safety, New York, NY, 2003.

其他资源

Perry, Robert G. and J. Steven Arendt, *If You Can't Measure It, You Can't Control It; ProSmart Process Safety Management*, AIChE CCPS International Conference and Workshop, Toronto, Ontario, 2001.

索引